Inhalt

Der Autor 4
Eine kleine Definition 5
Wichtig – Links zu den Videos sind abrufbar 5
Angebot 5
Vorwort 7
Ein kurzer Blick in die Geschichte der Robotik 10
Alternativen zu Cobots/ MRK 14
Entscheidungshilfen für den MRK-Einsatz 16
Roboteranbieter und ihre wichtigsten Modelle 22
    ABB 24
    Acutronic 26
    Aubo 29
    Automata 31
    Bosch 33
    Denso 35
    Doosan 37
    Elephant Robotics 39
    ESI (Engineering Services Inc) 41
    Fanuc 43
    F&P Personal Robotics 45
    Franka 47
    Flexiv 51
    HAN´s Robots 52
    Hanwha 54
    Hitbot 56

Jaka	57
Kassow Robots	58
Kawada Industries	60
Kuka	61
Mabi	63
MIP-robotics	65
Nachi	67
Neuromeka	68
Omron	69
Productive Robotics	72
Rethink Robotics	74
Rozum	78
Siasun	80
Stäubli	82
Universal Robots	84
University of Berkeley	88
Yaskawa (Motoman)	89
Yuanda	91
Sonstige Hersteller	94
Zubehör	95
Greifer	95
Werkzeuge	102
Optik	103
Mobilitätshilfen	106
Erhöhung der Traglast	111
Programmierhilfen	112
Cloud	114

Schutzummantelungen	115
Arbeitssicherheit	116
Komplettlösungen	121
Lösung zur Behebung des Fachkräftemangels	123
Fördermöglichkeiten	126
Baden-Württemberg	128
Bayern	128
Berlin	129
Brandenburg	130
Hessen	130
Mecklenburg-Vorpommern	131
Niedersachsen	131
Nordrhein-Westfalen	132
Rheinland-Pfalz	133
Saarland	133
Sachsen	134
Sachsen-Anhalt	135
Schleswig-Holstein	135
Thüringen	136
Österreich	136
Amortisationsrechnung	138
Epilog – Thesen zur weiteren Entwicklung	140

Der Autor

Guido Bruch hat in seiner Heimatstadt Duisburg und St. Gallen Wirtschaftswissenschaften studiert. Direkt im Anschluss an sein Studium zog er nach München um als Unternehmensberater zu arbeiten. Insbesondere auf Empfehlung von Sparkassen, Regionalbanken und Steuerberatern half er mittelständischen Unternehmen bei der Finanzierung von Sonderanlässen wie Investitionen, Unternehmenskäufen oder Sanierungen mittels Businessplänen. Als Business-Angel engagierte er sich 2015 beim Startup VisCheck (mobile Bildverarbeitung mit dem Schwerpunkt Qualitätssicherung). Das zuvor schon bestehende Interesse an Digitalisierung und Industrie 4.0 wurde stärker und so wurde er frühzeitig auf die neuen Roboter aufmerksam. Mit MRK-Blog.de betreibt er eine bedeutende Website, die neutral und i.d.R. mit Videos über die Cobots, so eine andere gängige Bezeichnung für MRK, berichtet.

Zusammen mit dem Automatisierungsspezialisten Omron hat VisCheck das erste System zum Auslesen von Fertigungsbildschirmen entwickelt. Mit dem so ohne komplexe Schnittstellen digitalisierten Informationen kann sodann ggfs. ein Roboter korrigierend in den Fertigungsprozess eingreifen. Das System wird im Kapitel „Lösung zur Behebung des Facharbeitermangels" vorgestellt. Der japanische Konzern Omron stellt hierfür seine Roboter, seine KI und sein Edge Computing zur Verfügung.

Seine Erfahrung mit den Bedürfnissen der Mittelständler und sein beim Verfassen von Businessplänen geschultes analytisches Denken helfen ihm bei der Beratung von KMU, die sich für Roboter interessieren. Zu einem Pauschalpreis bietet Bruch eine Bestandsaufnahme incl. Empfehlung an. Die Beratung kann bei KMU zu 50% staatlich gefördert werden. Außerdem steht Bruch für Vorträge über MRK zur Verfügung und erstellt Marktstudien.

Guido Bruch ist verheiratet und hat zwei minderjährige Kinder.

Eine kleine Definition

Unter MRK bzw. Cobot wird die Mensch-Roboter-Kollaboration verstanden. D.h. die Roboter sind nicht nur so kompakt wie Leichtbauroboter, sondern so sensitiv, dass sie im Normalbetrieb und sofern sie keine spitzen/ scharfkantigen Gegenstände halten keine Mitmenschen gefährden können. Dies gilt auch, wenn ein Mensch ihnen den Rücken zuwendet. Eine wichtige Komponente bei ihrer Sicherheit spielt ihre niedrigere Geschwindigkeit. Denn bei aller Sensitivität, es gibt physikalische Gesetze. Und mit der Masse (MRK wiegen etwa 30 kg) und der Geschwindigkeit nimmt der Bremsweg zu. Neuere MRK sind zudem sehr einfach zu programmieren, bieten z.T. bereits fertig programmierte Arbeitsanweisungen in Form von Apps an und weisen daher eine nie zuvor bekannte Flexibilität auf.

Wichtig – Links zu den Videos sind abrufbar

Das Buch erhält zahlreiche Links. Damit Sie diese nicht eingeben müssen, können Sie kostenlos das leicht veränderte Manuskript als PDF anfordern. D.h. Sie können dann das Buch lesen und am Bildschirm einfach klicken. Die PDF ist nur für den Buch-Käufer bestimmt, eine Weitergabe stellt einen Verstoß gegen das Urheberrecht dar. buch@mrk-blog.de

Angebot

Gerne nimmt der Autor eine Bestandsaufnahme in ihrem Unternehmen zur Einsatzmöglichkeit von Robotern vor. Dies geschieht zu einem Pauschalpreis (2.000 € netto in D/ A) und wenigen Stunden vor Ort. Anschließend erhalten Sie konkrete Empfehlungen in Berichtsform. Die Beratung wird bei KMU zu 50% gefördert. Zudem erstellt er Marktstudien und hält Vorträge zur Robotik. guido.bruch@mrk-blog.de

Trotz größter Sorgfalt sind Fehler nicht auszuschließen. Der Autor bietet um Entschuldigung und übernimmt keine Haftung. Vor einem etwaigen Kauf sind die Roboter-Daten nochmals selbständig zu überprüfen – auch weil es Modifikationen geben kann.

Version 7.0 Februar 2020

Vorwort

Dieses Buch wurde nicht nur für Experten, sondern insbesondere auch für die Verantwortlichen kleinerer Unternehmen und sogar größeren Handwerksbetriebe geschrieben (kurz „KMU"), die unter Personalmangel leiden, vielleicht keine Auszubildende finden, für die eine vollständige Automatisierung nicht sinnvoll oder zu teuer ist und die erkannt haben, dass es so nicht weitergehen kann.

Gerade der aus KMU kommende Personenkreis soll überzeugt werden, dass sich bereits ein sukzessiver Robotereinsatz – sei es in der mannlosen dritten Schicht oder bei etwas größeren Serien rechnet und sein Einsatz nicht aufwändig ist. Statt Komplett-Lösungen werden kleinere Insellösungen vorgeschlagen – gerne unter der Leitung der jüngsten Mitarbeiter. Denn wie hat der Chef des größten Roboterherstellers gesagt: Oft sind die Kinder der Unternehmer die, die den Cobot wollen. Mit den neuen Robotern können beispielsweise auch Auszubildende angeworben oder später an den Betrieb gebunden werden. Machen Sie Ihre Jüngsten, so sie halbwegs pfiffig und Technik-affin sind, zu Ihren Robotik-Experten!

Um zu zeigen, welches Potential in den neuen, preiswerten (ab 15.000 € - incl. Zubehör/ Arbeitsplatzzertifizierung eher ca. 30.000 €) und einfach (teilweise per App) zu bedienenden Robotern steckt, der Verweis auf eine Pressemeldung vom Anfang Juli 2018: Gigaset fertigt erstmals wieder (Billig-) Handys in Deutschland und dies zu chinesischen Kosten. Mit einer Investition von 400.000 € können nun 2.000 Handys/ Woche zu 70% automatisiert gefertigt werden. Würde man die Roboter direkt im ersten Jahr vollständig verdienen wollen, betrügen die Fertigungskosten je Handy lediglich 4 €. Dieses Beispiel zeigt, warum sich Roboter i.d.R. binnen weniger als eines Jahres rechnen (∅ 195 Tage lt. Universal Robots). Dies gilt insbesondere, wenn der Gesichtspunkt der Mitarbeiterfluktuation berücksichtigt wird (Kosten der Suche, des erneuen Anlernens) sowie die reduzierte Fehlerquote. Selbst beim Kauf einer „Luxusvariante" wird der Stundensatz eines Roboters noch unter 3 Euro liegen. Zudem kann ein Roboter bei Personalmangel die Abarbeitung von Aufträgen ermöglichen, die ansonsten mangels Kapazität abgelehnt worden wären. So können Deckungsbeiträge generiert werden, die ohne Roboter nicht erzielbar wären.

Nachfolgend werden nach einem kurzen geschichtlichen Rückblick, Entscheidungshilfen für den Einsatz an sich sowie für die Wahl des richtigen Roboters gegeben. Im Anschluss folgt eine Produktübersicht mit den wichtigsten spezifischen Kennzahlen. Da der Roboter-Einsatz nur mit dem passenden Werkzeug möglich ist, wird dieses ebenfalls vorgestellt: Greifer, die Hände, ebenso wie sonstiges Zubehör (Sensoren, Bildverarbeitung). Ein Blick auf den Aspekt der Arbeitssicherheit soll zeigen, dass ein Roboter zwar binnen 10 Minuten betriebsbereit sein kann, aber auch einige Vorschriften zu beachten sind.

Hinweise zu Amortisationsrechnungen sollen als wirtschaftliche Entscheidungshilfe dienen. Die ohnehin bereits sehr kurze Amortisationszeit läßt sich manchmal mittels Förderungen weiter verkürzen. Denkbare Förderungen werden skizziert. Abgeschlossen wird das Buch mit einem Beispiel, wie sich durch das Heimholen von ins Ausland verlagerten Prozessen mittels Roboter-Einsatz völlig neue Geschäftsmöglichkeiten ergeben.

Sollten die Prognosen zutreffen, die binnen acht Jahren eine Zunahme des Marktvolumens von heute 300 Mio. Euro auf 15 Mrd. Euro p.a. besagen (Quelle: Voith-Franka), heißt es für den Mittelstand nichts anderes als *„Entweder MRK oder tot".* Denn viele kleinere Mittelständler nennen heute als ihre Wettbewerbsvorteile den Preis und ihre Flexibilität. Betriebe mit Roboter werden aber günstiger fertigen können und weitaus flexibler sein. Bei Bedarf legen die Roboter über das Wochenende eine Extra-Schicht ein.

Wer die Prognosen anzweifelt, wird empfohlen die Umsatzentwicklung des Marktführers Universal Robots zu verfolgen. Die Muttergesellschaft Terradyne muß als US-börsennotierte Gesellschaft regelmäßig publizieren. Daher ist bekannt, dass Universal Robots insbesondere auf Grund seines starken Wachstums in Asien seinen Umsatz stetig steigern kann. Da Universal Robots dennoch Marktanteile verliert, wächst der Markt also noch stärker. Dies ist auch nicht verwunderlich. Denn gerade asiatische Länder wie China müssen als Folge der dort hohen Lohnsteigerungen massiv in Produktivitätszuwächse investieren. Auch aus diesem Grund wurde Kuka erworben und in Hannover mit Yuanda ein Startup mit chinesischen Gesellschaftern gegründet, das sowohl gute Chancen auf dem deutschen wie auch dem chinesischen Markt haben dürfte. Andererseits gibt es verschiedene chinesische Cobot-Hersteller, die bislang nur für ihren heimischen Markt produzieren. Mit Siasun hat im Sommer 2019 mit der Grundsteinlegung eines Forschungszentrums in Magdeburg seine Fühler spürbar nach Deutschland ausgestreckt. Han´s Robotics ist derzeit dabei eine Niederlassung aufzubauen. Der südkoreanische Roboter-Anbieter Hanwha wird wohl im Sommer 2020 seine Niederlassung in Frankfurt eröffnen.

Volkswirtschaftlich wird der vermehrte Robotereinsatz unausweichlich sein, soll das heutige Niveau gehalten oder gar gesteigert werden. Denn eine Lehre der Volkswirtschaftslehre besagt, dass Nationen sich nur dann positiv entwickeln können, wenn deren Produktivität zunimmt. D.h. der Ausstoß muss stärker als die Löhne steigen. Letztere steigen seit einigen Jahren im DACH-Raum aber deutlich, so dass sie nur durch gängige Produktivitätsverbesserungen nicht kompensiert werden können. Gerade Roboter helfen daher die Lohnstückkosten zu senken. (Es ist kein Zufall, dass in den vermeintlichen Niedriglohn-Ländern – siehe oben - wie China oder Vietnam Cobots vermehrt eingesetzt werden. In China zählten um das Jahr nur etwa 4% der Einwohner zur Mittelschicht, nun sind es rund 70%.)

Ein kurzer Blick in die Geschichte der Robotik

Seit der Vorstellung des weltweit ersten, dank 6-Achsen gut beweglichen Industrieroboters im Jahr 1973 durch KUKA, nahm die Leistungsfähigkeit der klassischen Roboter zwar stetig zu. Als Folge ihrer hohen Kosten und der fehlenden Flexibilität blieben die Roboter aber insbesondere größeren Firmen mit gut oder vollausgelasteter Serienfertigung vorbehalten. Die Faustregel, dass die Kosten der Programmierung und des „Herums" den reinen (hohen) Industrieroboterpreis um den Faktor 2 übersteigt, schreckte ebenso wie der enorme Zeitaufwand ab. Nicht wenige Roboter-Projekte aus diesem Bereich benötigen eine Zeitspanne von über einem Jahr, bei fixer Umsetzung häufig noch von sechs Monaten. Wenn die Industrieroboter aber einmal anfangen zu arbeiten, dann häufig höchst beeindruckend. Jedem Leser sei daher die Besichtigung eines der großen Automobilwerke empfohlen - unsere Kinder waren vom Besuch des BMW-Werks in München begeistert, trotz des zweistündigen Fußweges. - Da nicht jedes Unternehmen so große Roboter benötigte, erhielten diese im Laufe der Zeit kleinere Leichtbauroboter als Geschwister. Die Komplexität der Einrichtung reduzierte sich aber kaum.

2008 begründete das damalige Startup Universal Robots die Klasse der MRK. Unter Mensch-Roboter-Kollaboration wird das gemeinsame Arbeiten von Menschen und Robotern verstanden. Dies bedingt, dass die Roboter ihren humanen Kollegen nicht verletzen, weshalb diverse Sicherheitsauflagen zu berücksichtigen sind. Statt eines Zauns wie beim Industrieroboter waren Lichtzellen, Lichtschranken und einiges mehr notwendig. Um flexibler als die großen Brüder arbeiten zu können, hatte das dänische Unternehmen die Programmierung vereinfacht. Die neuen Roboter verkauften sich zwar gut und Universal Robots wuchs eindrucksvoll, die weltweit p.a. verkauften Cobots (eine andere Bezeichnung für MRK) erreichten dennoch nur Stückzahlen von knapp 400.000. 2008, im Jahr der Einführung des ersten UR-Roboters, wurde in den USA übrigens die Firma Rethink Robotics gegründet. Ihre Roboter haben einen aus einen Screen bestehenden Kopf mit zwei Augen und wirken daher menschlicher als die anderen Cobots. Nach der Insolvenz 2018, selbst 150 Mio US-$ waren für die Anschub-Finanzierung zu wenig, gehört Rethink zwischenzeitlich zur deutschen Hahn-Group.

2017 trat das Münchner Unternehmen Franka Emika in den Markt ein, das für sein einziges Modell, den „Panda", Ende des Jahres den mit 250.000 € dotierten Zukunftspreis des Bundespräsidenten erhielt. Ein „Panda" ist von der Reichweite und der Traglast zwar nur mit dem kleinsten Modell von Universal Robots vergleichbar, dafür aber günstiger und einfacher zu programmieren. Für diverse Anwendungen gibt es fertige Apps. Eigene Programmierungen werden ebenfalls als Apps gespeichert und können sodann wiederholt und gebündelt werden. Vor allem aber wurde der Panda mit einem Video berühmt, dass nicht zur Nachahmung gedacht ist: Mit einem Messer nähert er sich seinem Erfinder und stoppt bevor er ihn trifft. Mit höherer Geschwindigkeit nähert er sich in einem anderen Video einem Ballon und bleibt rechtzeitig stehen. Diese Aspekte sowie der lediglich bei etwas mehr als 10.000 € liegende Preis sorgten für Furore. Der Familienkonzern Voith, der 2016 mit einem hohen Gewinn seine Kuka-Aktien verkauft hatte, beteiligte sich 2018 an Franka. Zusammen mit den beiden in 2018 eingetretenen Firmen (echte Startups) Kassow Robotics (Dänemark) und Yuanda (deutsche Entwickler mit Sitz in Hannover und Zentrale in China) den Billig-Anbieter Automata (UK) und mip-Robots (Frankreich) dürften gegenwärtig rund 30 Roboter-Hersteller weit über 70 Modelle anbieten.

Es ist absehbar, dass die MRK immer günstiger und leistungsfähiger und nach dem ersten Nachfrage-Boom letztlich zum Commodity-Produkt werden. Entsprechend wurde die Fertigung von Franka gestaltet: Roboter sollen die mittelfristig angestrebten 15.000 Pandas in Durach bei Kempten bauen und werden bei einem Automatisierungsgrad von 80% von lediglich 35 Menschen unterstützt. Beim Einkauf spart Franka ebenfalls: Keines der Teile kommt aus einem europäischen Land, die Lieferantenkette beginnt in der Türkei. Entscheidend für die effiziente Nutzung werden die richtigen Greifer, Sensoren, Optik-Systeme und zunehmend Apps sein. Anstelle der 15.000 Stück dürfte Franka in 2018 zwar weitaus weniger MRK gefertigt haben, der Trend pro Cobots ist aber unverändert positiv. Anfang 2019 konnte Franka immerhin pro Monat rund 600 Pandas verkaufen. Wie sehr die Herstellkosten eines Cobots von der Anzahl der hergestellten Exemplare abhängt, zeigt eine Veröffentlichung der University of Berkeley. Diese hat den zweiarmigen Roboter Blue entwickelt, für den folgende Kosten in Abhängigkeit vom Produktionsvolumen veranschlagt werden:

# zu fertigen	10	50	250	1.500	10.000
Material	2.500	2.000	1.700	1.400	700
Lohn	1.600	1.200	600	450	300
Test	85	85	85	85	85
Logistik	750	600	420	210	70
Lohnfertigung	1.000	700	270	210	70
anteilige Fixkosten (Werkz.)	17.200	3.440	688	144	30
Herstellkosten	23.135	8.025	3.763	2.469	1.255

(Quelle: David V. Gealy et. al: Quasi-Direct Drive for Low-Cost Compliant Robotic Manipulation)

Der Marktführer Universal Robots, dessen Marktanteil als Folge der neuen Konkurrenz trotz stark steigenden eigenen Produktionszahlen abnimmt, feierte in 2018 die Auslieferung seines 25.000 Roboters. Da Universal Robots bis Ende 2019 bereits 40.000 Roboter verkaufen konnte, übersteigt der Jahresabsatz von UR zwischenzeitlich die Marke von 10.000 Stück.

Für die nähere Zukunft wird ein jährliches Wachstum von über 50% prognostiziert:

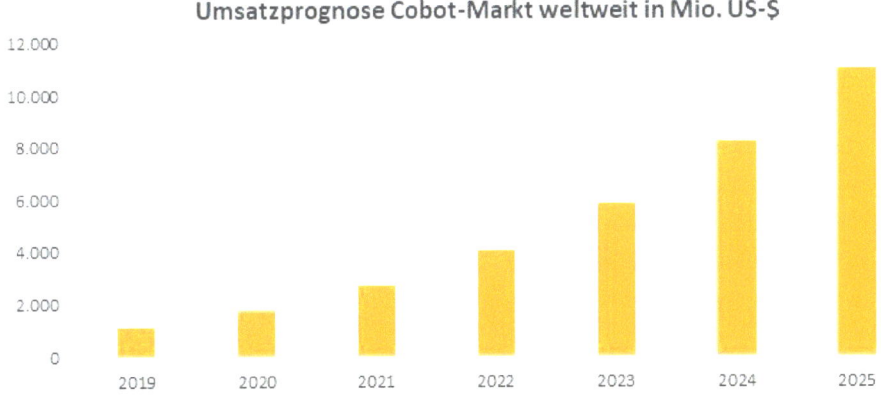

Source: MarketsandMarkets, Collaborative Robots Market – Global Forecast to 2025 lt. OnRobot

Die seit 2019 vorhandene Verschmelzung von Cobots mit mobilen Roboter zu „Hybriden Cobots" unterstützt diese Entwicklung. Denn nun kann ein Cobot selber mehrere Arbeitsplätze abfahren und dort arbeiten, wo er benötigt wird.

Alternativen zu Cobots/ MRK

Passen die genannten Kriterien Reichweite und Traglast nicht oder ist schnelles Arbeiten gewünscht, gibt es andere interessante Roboter. Der Autor, der beratend tätig ist, wird häufig von Unternehmen beauftragt, denen ein Sondermaschinenbau als Automatisierungs-Option zu komplex bzw. zu teuer ist. In der Regel findet sich fast immer eine Alternative zu einer Spezialmaschine wenn es um Dinge wie Verpacken, Verarbeitung oder Maschinenbestückung geht und der einzelne Artikel eher klein und leicht ist. Neben den klassischen und eher teuren Industrierobotern, die auch schwer heben können, bieten sich insbesondere sogenannte Delta- oder Scara-Roboter gerade im Bereich der Verpackung oder sonstiger Pick-and-Place-Anwendungen an. Geschickt kombiniert, können diese auch einem MRK zuarbeiten. Die zuletzt genannten Roboter gibt es incl. guter Bilderkennung bereits für unter 30.000 €. Die extreme Leistungsfähigkeit beispielsweise eines Delta-Roboters wird durch dieses Video bewiesen, in dem nicht nur Löffel gehoben, sondern auch richtig positioniert werden:

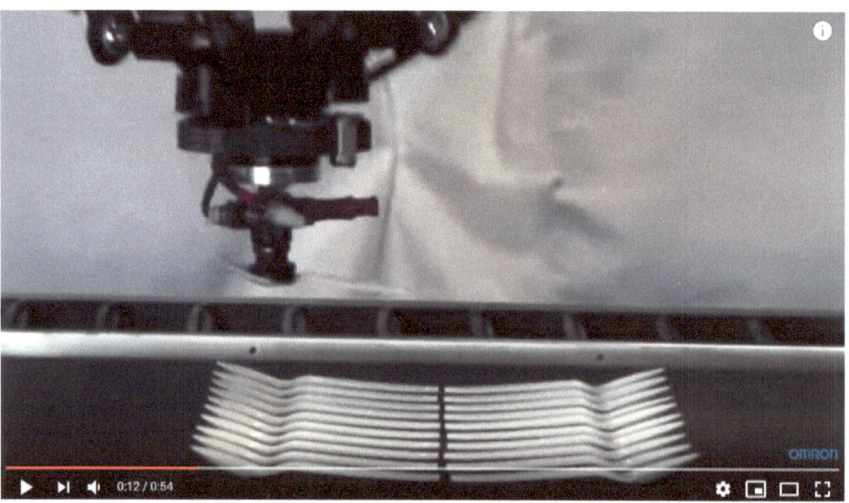

https://youtu.be/lKjq7LecpIw

(Quelle: YouTube, Omron Robotics and Safety Technologies, Inc.)

Zudem gibt es hochschnelle Leichtbauroboter, die sehr schnell sein können und von denen als Folge ihres geringen Gewichtes keine nennenswerte Verletzungsgefahr ausgeht. Das nachfolgende Video zeigt eine Motomini von Yaskawa, der zwar kein Cobot ist, aber als Folge seines geringen Gewichtes (7 kg) und seiner geringen Reichweite kaum eine Gefahr darstellt, dafür aber für seine Anwendungen (bis 0,5 kg Traglast) sehr schnell, beweglich und präzise ist:

https://youtu.be/PokMwjZSjTE

(Quelle: YouTube, Yaskawa America, Inc.)

Wer Geschwindigkeit und hohe Traglast, aber keinen Zaun will, der kann einen klassischen Industrieroboter mit einer Schutzhaut versehen. Es gibt somit für fast alles Lösungen, man muß sie nur kennen.

Entscheidungshilfen für den MRK-Einsatz

Universal Robots, der MRK-Marktführer, nennt als ideal für einen Robotereinsatz[1] wiederkehrende, manuelle Tätigkeiten, die weder menschliche Geschicklichkeit noch kritisches Denken/ Kreativität erfordern. Dies gilt insbesondere für KMU: Ziel sollte es zunächst sein, Hilfstätigkeiten zu automatisieren und Erfahrungen zu sammeln. Schritt für Schritt-Automatisierung ist sicherlich sinnvoller als die Gefahr zu großer Komplexität in Kauf zu nehmen. Der Aspekt der menschlichen Geschicklichkeit verliert allerdings zunehmend an Bedeutung, da es erste Greifer in Form einer menschlichen Hand mit beweglichen Fingern gibt. Kritisches Denken ist häufig mit zu treffenden Entscheidungen verbunden. Diese kann ein Roboter nur mit Zubehör treffen – weißt das Fertigungsstück die richtigen Maße auf? Komplexere Roboterlösungen sind dann sinnvoll, wenn die Gefährdung eines Menschen reduziert/ ausgeschlossen wird (Bedienung einer Presse) oder Tätigkeiten mit hoher Wiederholfrequenz vorgenommen werden.

Die Arbeitsgeschwindigkeit sollte ohne weitere Sicherungsmaßnahmen nicht über der des Menschen liegen bzw. müssen diese beim direkten Zusammenwirken mit dem Menschen niedriger sein. Die entsprechenden Vorschriften („Geschwindigkeitsbegrenzungen") berücksichtigen die potentiell berührbaren Körperteile ebenso wie Gewichte und Flächen.

Eine Grundvorausvoraussetzung bei der Auswahl des neuen Kollegen ist neben seiner Reichweite seine Traglast. Diese ist um das Gewicht des Zubehörs zu reduzieren (Greifer, Kamera?). Vorsichtige Cobot-Nutzer neigen zur Pauschalrechnung 50% der erlaubten Traglast steht zum Greifen des relevanten Gegenstandes zur Verfügung. Die übrigen 50% werden als Reserve für das Zubehör und als Puffer beim ausgestrecktem Arm betrachtet. So soll auf Dauer das Getriebe geschont werden. Dieser vorsichtige Ansatz berücksichtigt eine Parallele Roboter zu Mensch: Die Kraft/ Ausdauer ist am geringsten bei ausgestrecktem Arm. Ist dieser angewinkelt,

---

[1] http://www.robot-x.hu/images/robotx_hun_460/Get%20started%20with%20COBOTS%20-%2010%20easy%20steps%20e-book.pdf

ist die Leistungsfähigkeit höher. Ein weiteres Kriterium ist die Geometrie des zu hebenden Gegenstandes. Jeder von uns kann 10 kg oder auch mehr heben, wenn diese beispielsweise in Form eines Eimers modelliert sind. Eine 2 m lange Stange können wir hingegen kaum mit einer Hand hochheben und waagerecht halten, wenn sich ihr Schwerpunkt an ihrem Ende befindet. D.h. Roboter können bei geeigneten Gegenständen und der passenden Achsbelastung weitaus mehr tragen als angegeben. Dennoch, sollte es zu einem Unfall kommen, wird die Berufsgenossenschaft wohl die offizielle Traglast als Grenze des Akzeptablen definieren. Und auch wenn die Traglast von Hause aus sehr hoch ist oder mit Zubehör erhöht wird („Cobotlift"), können die Arbeitsschutzbestimmungen kritisch werden. Möglicherweise kann eine hohe Traglast den Zwang zum Tragen von Sicherheitsschuhe für alle – auch nicht mit dem Roboter zusammenarbeitenden – Mitarbeiter auslösen.

Ist die Reichweite eines Roboters zu gering, stellt sich die Frage, ob verschiedene Roboter, vielleicht auch mit verschiedenen Reichweiten, gebündelt werden können oder das Layout der Fertigung geändert werden kann. Die Zusammenarbeit zweier Roboter kann übrigens die Anschaffungskosten dann senken, wenn sie mit einem Controller gesteuert werden. Erste Cobot-Hersteller bieten diese Option an. Letztlich ist diese Lösung für KMU noch nicht zu empfehlen.

Sofern kein weiteres Zubehör eingesetzt werden soll, sind mehr oder minder gleichgroße und gleich platzierte Teile, die der Roboter handhaben soll, hilfreich. Aber wie gesagt, die optischen Lösungen werden immer vielfältiger und zwischenzeitlich kann sogar Schüttgut sortiert werden. Gleichwohl sollten Roboter-Anfänger zunächst auf die Optik verzichten, wenn sie einfachere Anwendungsmöglichkeiten zur Verfügung haben. D.h. zunächst Konzentration auf den Roboter und dann auf das Zubehör. Dies soll jedoch nicht als K.o.-Kriterium verstanden werden, wenn von Beginn an zwingend Sensoren oder Optik notwendig sind. Denn lieber etwas mehr Arbeit/ Komplexität als die Chance der Teilautomatisierung mittels Roboter nicht zu nutzen. Ein Kompromiss kann auch ein Roboter mit integrierter Kamera sein. Seine Software wird einfachere Teile leicht erkennen können, der Aufwand für das Unternehmen ist dann geringer als beim Anlernen zusätzlich gekaufter Software. Diese kann allerdings mehr erkennen.

Hat der Roboter spitze oder scharfkantige Gegenständen noch dazu mit höherer Geschwindigkeit zu händeln, sollte ein Mensch nur in sicherer Entfernung mitarbeiten. Denn neben dem Roboter stellt auch der Mensch ein Risiko dar, wenn er unbeabsichtigt dem Roboter zu Nahe kommt. Vor diesem Hintergrund hat der sehr gute (abonnieren!) [YouTube-Kanal Next Robotics](#) die Zusammenarbeit mit dem Menschen in drei Kategorien differenziert:

1. Koexistenz: Ähnlich wie heutige Industrieroboter arbeiten Menschen und Roboter getrennt und nebeneinander. Der Roboter kann maximale Geschwindigkeit fahren, anstelle einer Zelle (Gitterzaun) können Lichtschranken eingesetzt werden.
2. Kooperation: Der Roboter arbeitet weitgehend alleine und nur alle paar Minuten mit dem Menschen zusammen, z.B. an einer Übergabestelle. Der Roboter kann dann – wenn kein Mensch in der Nähe ist – sein maximales Tempo fahren und reduziert dieses, wenn sich ein Mensch nähert deutlich.
3. Kollaboration: Beide arbeiten zusammen am gleichen Platz – hier gelten die strengsten Sicherheitsvorschriften, d.h. niedrigere Taktzeiten.

Heute dominiert das Szenario „Kooperation". Beispiele hierfür ist die Maschinenbestückung: Der Cobot ist hier alleine tätig, bei Fehlermeldungen oder besonders schweren Teilen kommt der Mensch hinzu. Beim Palettieren kann ein Cobot heute selbstständig zwei Paletten befüllen, die dann alle 15 Minuten oder später von einem Menschen gegen leere ausgetauscht werden. In beiden Beispielen ist eine vorübergehende Tempo-Reduktion oder gar Pause unproblematisch. Eine echte Kollaboration soll es in nur 5% aller Anwendungsfälle geben.

Trotz der typischerweise niedrigen Amortisationsdauer kann es im Sinne der Risikobegrenzung ein Ziel sein, am Anfang der MRK-Einführung möglichst wenig zu investieren. Für diesen Fall stellt sich die Frage, ob neben dem Roboter mehrere oder nur ein Greifer angeschafft werden soll. Die Reduktion auf nur einen Greifer kann die Anwendungsmöglichkeiten einschränken. Als Greifer kommen neben den „Zangen" beispielsweise Sauger, „Bohrer" und vieles mehr in Frage. Das amerikanische Greifer-Startup RightHand Robotics bringt 2020 einen Greifer auf den Markt, der in der Mitte seiner „Hand" einen Sauger und um diese Mitte herum drei „Finger" hat. Damit kann er Artikel aus einem Behälter ansaugen und sodann festhalten. Der ebenfalls mit 23 Mio. US-$ finanzierte Wettbewerber Soft Robotics bietet nachgebende und indiviudell ansteuerbare Greifer an um ebenfalls im Markt der Weichteile (Internet-Händler) mitzumischen.

Der Verfasser wundert sich, dass es noch keinen Greifer mit zwei Händen gibt. Diese im Abstand von wenigen Zentimetern könnten beispielsweise (Elektro-) Teile zusammenstecken und so teilweise 2-Arm-Roboter wie den Yumi ersetzen.

Natürlich spielt der Preis auch eine Rolle. Wer nur einen oder wenige Roboter einsetzen möchte, der sollte m.E. mit einer guten Amortisation zufrieden sein. Wenn die Amortisation gewährleistet ist, muß m.E. nicht mehr das letzte „herausgekitzelt" werde. Eine Cobot der Hersteller Universal Robots, Omron oder Hanwha kostet sicherlich mehr als der von manchem Wettbewerber, ist dafür aber auch leichter anzulernen und definitiv von guter Qualität. Nachfolgend vorgestellt werden auch billigere Cobots. Diese erscheinen insbesondere für „Massenanwendungen" (eine Tätigkeit, die gleich von zahlreichen MRK vorgenommen wird) interessant zu sein oder für Maschinenhersteller, die ihre Maschinen um einen mitgelieferten Cobot ergänzen wollen. Dann rechnet sich die wohl aufwändigere Programmierung oder Integration.

Eine interessante Fallstudie stellt der Erfahrungsbericht des Geschäftsführers der MS-Schramberg GmbH & Co. KG dar. Er weist darauf hin, dass die Mitarbeiterakzeptanz erhöht wird, wenn der Roboter zunächst für die Menschen unangenehme Tätigkeiten verrichtet (bitte auf das Bild oder den Link klicken):

https://youtu.be/bUbTTVl73po

(Quelle: YouTube, Rethink Robotics)

Übrigens sind nicht alle Roboter unter gleichen Bedingungen einsetzbar. Dies gilt für den Temperaturbereich ebenso wie für die Staub- und Feuchtigkeitskonzentration oder die Position. Einige Computer können über Kopf arbeiten (z.B. an der Decke hängend – clevere Lösung für den Einsatz nur in der Nacht; tagsüber nimmt der Roboter keinen Platz weg), andere kommen hierbei „durcheinander". Dies gilt auch für die Mobilität. Nicht jedes Modell darf während des Betriebes bewegt werden. Roboter wie der „Panda" von Franka würden dies nicht verstehen. Grundsätzlich gilt auch hier: Es gibt (fast) immer eine Lösung – sei es ein anderer Cobot oder Zubehör. Bezüglich der Temperatur gibt es die Obergrenze von 50 Grad. Für höhere Temperaturen sind m.E. aber spezielle Lösungen denkbar, z.B. eine Ummantelung aus einem extrem isolierenden Material.

Die meisten MRK verfügen nur über einen Arm. Durch geschickte Verbindung zweier Roboter („multi robot communication") lassen sich aber fast alle Modelle – zumindest theoretisch - zu 2-Arm-MRK umbauen, wie dieses Video zeigt (bitte anklicken bzw. Link unten):

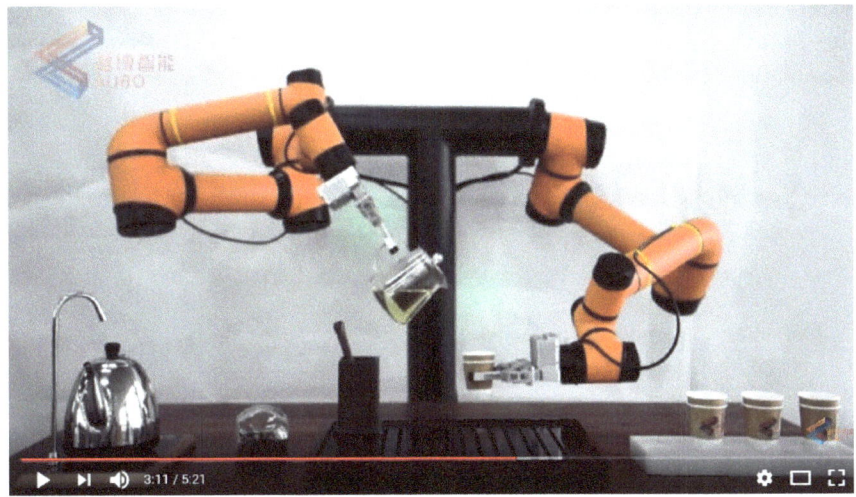

https://youtu.be/3y9N1l7ofYY?t=1m48s

(Quelle: YouTube, Aubo Robotics)

Bei der Wahl des Cobots spielt die Möglichkeit seiner Programmierung eine Rolle. Einige, insbesondere billige Cobots lassen sich nur ganz klassisch programmieren und sind daher nichts für den Laien. Andere haben ein einfaches Teach-Panel bzw. lassen ein Tablet nutzen mit graphischer Oberfläche. Diese Cobots eignen sich i.d.R. für Laien, die ein kürzeres Seminar besucht haben – häufig reicht ein Tag. Viele Cobots lassen sich (zusätzlich) mit der Hand führen. Bei einem Wegpunkt oder Tätigkeit wird ein Knopf gedrückt und der Roboter merkt sich den Weg. Eine neuere Methode ist das Vormachen mittels VR-Brillen (Zubehör), d.h. der Mensch bewegt seine Arme und der Roboter wiederholt diese Tätigkeit. Wer flexibel sein will, kann zudem insbesondere für Industrieroboter entwickelte Programmier-Software kaufen, die auch die Zeit bei der Cobot-Programmierung verkürzt. Diese Software lohnt sich für Cobots insbesondere dann, wenn sie häufiger andere Aufgaben erledigen sollen und somit ein permanenter Programmieraufwand anfällt.

Roboteranbieter und ihre wichtigsten Modelle

Die nachfolgenden Angaben beziehen sich nur auf den Roboter. Die Schaltschränke haben ebenfalls ein Gewicht von über 10 kg, werden hier aber nicht berücksichtigt. Während die meisten Attribute selbsterklärend sind, gilt dies nicht für die „IP-Ziffer". Daher werden sie nachfolgend[2] erklärt. Von den hier vorgestellten Robotern weisen der Motoman HC10 und der Franka Panda mit 20 den geringsten Schutz, Fanuc und Stäubli mit 67 den höchsten Schutz auf. Typisch ist die Kennziffer 54. Diese haben beispielsweise auch die Modelle vom Marktführer Universal Robots, die häufig unter widrigen Umständen anzutreffen sind.

#	1. Ziffer = Berührung	2. Ziffer = Dichtigkeit
0	Keinerlei Berührungsschutz	Keinerlei Wasserschutz
1	Schutz gegen Fremdkörper > 50 mm	Schutz vor senkrecht fallenden Wassertroffen
2	Schutz gegen Fremdkörper > 12 mm	Schutz vor zur Senkrechten 15% fallenden Wassertroffen
3	Schutz gegen Fremdkörper > 2,5mm	Schutz vor zur Senkrechten 60% fallenden Sprühwasser
4	Schutz gegen Fremdkörper > 1,0mm	Schutz vor Sprühwasser
5	Vollständiger Berührungsschutz, Schutz vor Staubablagerungen im Inneren	Geschützt gegen Strahlwasser (aus allen Richtungen)
6	Vollständiger Berührungsschutz, Schutz gegen Eindringen von Staub	Geschützt vor eindringenden Wasser bei vorübergehender Überflutung
7		Geschützt vor eindringenden Wasser beim Eintauchen
8		Geschützt vor eindringenden Wasser beim Eintauchen für unbestimmte Zeit
9		Geschützt vor eindringendem Wasser aus jeder Richtung auch bei stark erhöhtem Druck gegen das Gehäuse (Hochdruck-/ Dampfstrahlreiniger 80-100 bar)

Wichtig ist zu beachten, dass Controller und ggfs. Teach-Panel (Tablet) des Cobots bisweilen einer niedrigeren Klasse zugeordnet sind. Diese Teile können zwar geschützt werden, wem dies aber zu umständlich ist, der

---

[2] http://www.reinmedical.com/de/technik/ip-schutzklassen.html

sollte auf gleiche Klassen achten. Das Teach-Panel kann unabhängig von den Umweltbedingungen durch eine gummiarmierte Schutzhülle vor den Folgen eines Sturzes geschützt werden.

Und: Der Controller ist nicht nur ein Anhängsel, sondern seine Leistung kann schlimmstenfalls komplexe Programmierung limitieren.

ABB

ABB hat seinen YuMi IRB 1400 bereits vor einigen Jahren vorgestellt. Daher hat er noch keine App, dafür aber als einer der wenigen zwei Arme. Bedingt durch seine geringe Reichweite (55 cm) und Traglast (0,5 kg je Arm, nach Abzug der Greifer nur rund 0,2 kg) ist er für die Fertigung von Kleinteilen wie Elektronik (extreme Wiederholgenauigkeit!), Legosteinen oder Uhren prädestiniert. Sein Preis ist mit rund 40.000 € recht hoch und wird von den in diesem Buch vorgestellten Roboter ehr selten übertroffen. Die genannten Aspekte machen ihn zu einem Nischen-Produkt mit USP für größere Unternehmen, z.B. mit Fertigungsstraßen.

Modell YuMi	**2-arm**	**1-arm**
Arme	2	1
Achsen	7	7
Reichweite mm	559	559
Traglast kg	0,5	0,5
Traglast nach Hände kg	0,2	0,2
Eigengewicht kg	38,0	9,5
Wiederholgenauigkeit mm	0,02	0,02
Temperatur Grad C	5-40	5-40
IP	30	30

Bedingt durch seine kurze Reichweite, wird er bevorzugt in der Elektronik eingesetzt oder spaßeshalber zum Kochen, wie das Video zeigt:

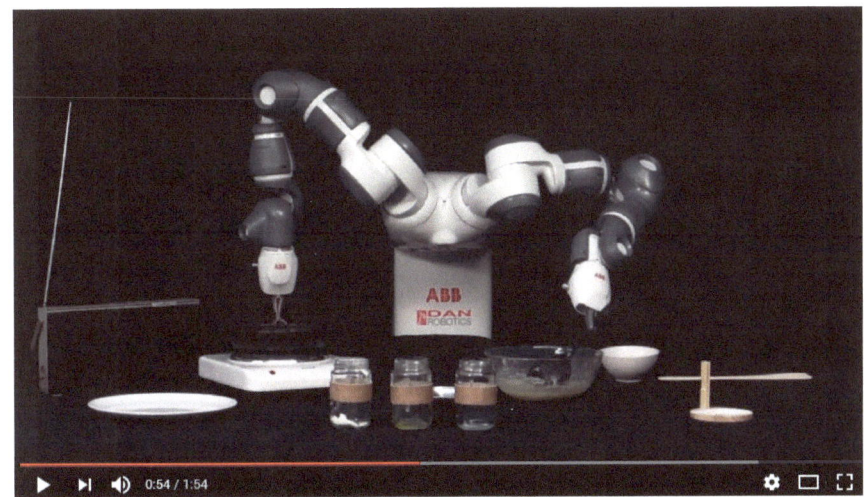

https://youtu.be/U7XL9_0dSJs

(Quelle: Youtube, DanRobotics A/S)

Für die Zielgruppe dieses Buches scheint er weniger interessant zu sein. Dies gilt vermutlich auch für den in 2018 vorgestellten einarmigen Bruder „Single-arm YuMi".

Acutronic

Acutronic Robotics wurde erst 2016 gegründet, hat seinen operativen Sitz in Spanien und zählt seit 2017 den japanischen Konzern Sony zu seinen Investoren. Ende 2018 hat das Unternehmen ein neues MRK-Konzept vorgestellt und mit „MARA" sein erstes Modell auf den Markt gebracht. Das Besondere an MARA ist, dass jede der sieben Achsen dank H-ROS autark betrieben werden kann, so dass einzelne Achsen demontiert werden können. Statt mit sieben Achsen arbeitet MARA somit auch mit nur zwei Achsen, was die Kosten senkt. Wie auch andere Cobot-Anbieter verweist Acutronic auf den geringen Programmier-Aufwand dank Künstlicher Intelligenz. Acutronic benutzt – zumindest in der Theorie – besonders vorteilhafte AI-Tools, so dass beispielsweise auch das Gewünschte simuliert werden kann. Zugleich kann MARA mit anderer passender Hardware so gut vernetzt und die Programme vermutlich auch ausgetauscht werden. Ausgetauscht werden kann auch eine Achse gegen Equipment von Dritt-Anbietern, z.B. gegen eine Kamera.

Während diese Optionen MARA für komplexe Anwendungen interessant erscheinen lassen, sieht der Verfasser einen weiteren Vorteil im niedrigen Preis (ab 15.000 €) und der guten Schmutz-Resistenz. Mit IP 54 ist MARA bei ähnlicher Reichweite und Tragkraft dem deutschen PANDA überlegen. Während der PANDA vor allem in den Bereichen Elektronik und Feinmechanik eingesetzt werden kann, sind für den MARA auch Branchen wie Lebensmittel oder CNC grundsätzlich kein Problem. Allerdings müssen dann Reichweite und Traglast ausreichen.

Modell	**MARA**
Arme	1
Achsen	6
Reichweite mm	656
Traglast kg	3,0
Eigengewicht kg	21,0
Wiederholgenauigkeit mm	0,10
Temperatur Grad C	0-50
IP	54
Besonderes:	modulare Bauweise

Zum Verständnis werden gleich zwei Videos empfohlen:

Das erste Video führt grundlegend eher theoretisch in die Thematik ein:

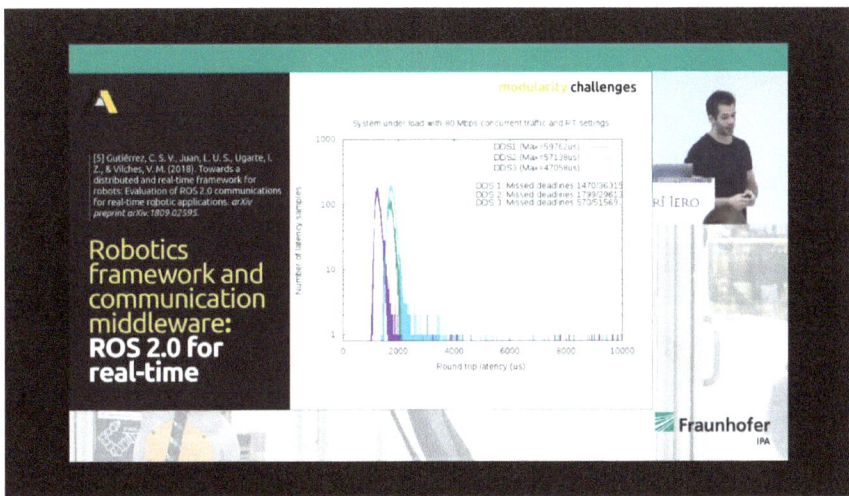

https://youtu.be/otZi43tdWvo

(Quelle: YouTube, Acutronic Robotics)

Während im obigen Video der Roboter praktisch nicht vorkommt, kann er hier betrachtet werden:

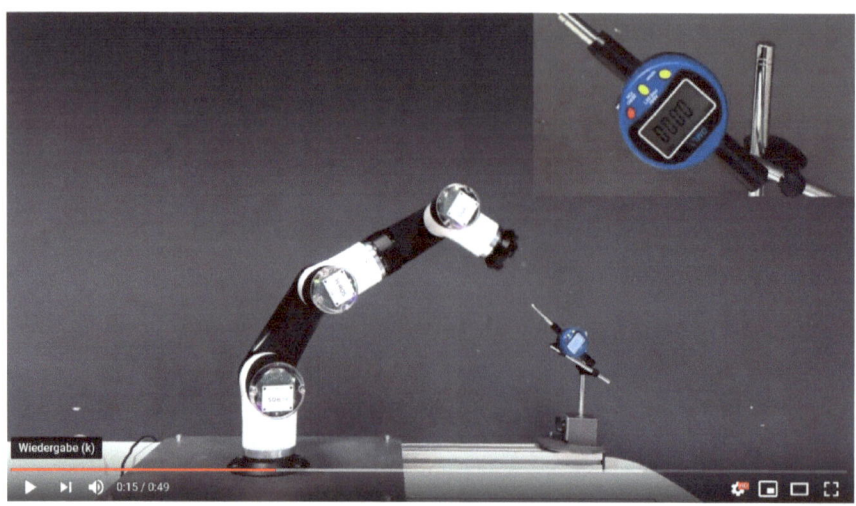

https://youtu.be/4OJzCmWwk3o

(Quelle: YouTube, Acutronic Robotics)

Die Einführung von MARA wurde im Frühjahr 2019 mit vielen Artikeln überstützt. Seitdem ist es sehr ruhig um den Roboterarm geworden.

Aubo

Dieser chinesisch-amerikanische Roboterhersteller versucht derzeit den europäischen Markt zu erschließen und bietet zusätzlich ein autonom fahrendes Unterteil an. Ungewohnt ist, dass die Roboter-Modell mit der zunehmenden Traglast auch eine größere Reichweite aufweisen. Die Preisunterschiede vom kleinsten bis zum größten Modell sind daher entsprechend groß.

Modell	i-3	i-5	i-7	i-10
Arme	1	1	1	1
Achsen	6	6	6	6
Reichweite mm	625	924	1.150	1.350
Traglast kg	3,0	5,0	7,0	10,0
Eigengewicht kg	15,5	24,0	32,0	37,0
Wiederholgenauigkeit mm	0,03	0,05	0,05	0,05
Temperatur Grad C	0-45	0-45	0-45	0-45
IP	54	54	54	54

Die vom Hersteller mit 30.000 Stunden bezifferte Einsatzfähigkeit entspricht der von Universal Robotics, wobei UR sicherlich über entsprechende Referenzen verfügen wird – Aubo eher nicht.

Das Video zeigt den Einsatz gleich mehrerer Aubos in einer chinesischen Fertigung und bestätigt somit, dass sich Roboter auch in China amortisieren. Bei einem Preis von nur etwa 15.000 € ist dies auch nicht verwunderlich. Sein Zubehör soll kompatibel zu Universal Robots sein. Die entsprechende Firma setzt im CNC-Bereich 60 (!) Aubos ein.

https://youtu.be/xLTtPrciej0

(Quelle: YouTube, Aubo Robotics USA)

Automata

Das britische Startup kann als der Preisbrecher unter den Anbietern bezeichnet werden. Auf der Hannover Messe 2019 stellte es mit „EVA" sein einziges Modell vor. Der Preis von umgerechnet knapp 6.000 € dürfte derzeit nur schwer zu unterbieten sein. Das ABB-Investment in Höhe von 7,4 Mio$ kann als Ritterschlag für die Firmengründer gewertet werden. Da ABB besonders aktiv den chinesischen Markt bearbeitet, der nach preiswerten Lösungen ruft, dürfte der Hauptabsatzmarkt schon bald China sein.

Modell	EVA-2
Arme	1
Achsen	6
Reichweite mm	600
Traglast kg	1,3
Eigengewicht kg	9,5
Wiederholgenauigkeit mm	0,50
Temperatur Grad C	5-40
IP	20

Der Cobot erinnert von seinen Leistungsdaten und seinen angedachten Einsatzfällen (z.B. Test von Elektronik-Artikel) an den Panda von Franka, der mit 7 Achsen allerdings noch beweglicher ist.

https://youtu.be/Df_XHu2HRrQ

(Quelle: YouTube, Automata)

Eines ist sicher: Für den Kaufpreis kann ein Support wie bei Universal Robots oder Omron erwartet werden. Die Nutzungsdauer könnte eine andere Schwachstelle sein. Mit dem Investor ABB im Hintergrund sollte allerdings auch ein Qualitätsbewußtsein vorhanden sein. Die angebotenen Greifer stammen zudem von Schunk.

Bosch

Als Technologiekonzern fühlt sich Bosch – ähnlich wie FESTO – der Robotik verbunden. Folgerichtig sind seine stationären und mobilen Roboter nicht für einzelne Arbeitsplätze gedacht (da wären andere Hersteller in Bezug auf das Preis-/ Leistungsverhältnis wohl im Vorteil), sondern für als integraler Bestandteil ganzer Fertigungsstraßen gedacht. Je nach Bedarf greift Bosch auf Kuka-Roboter zurück. Diese werden mit einem Mantel umhaust und werden so sensitiv. Der Mantel soll Wiederstände bis spätestens 5 cm vor der Kollision – also noch vor der Berührung – realisieren und dann den Roboter stoppen. Hierdurch wird ein Industrieroboter zum Cobot und letztlich sogar mehr. Denn es – zumindest bei langsamerer Geschwindigkeit – eine Berührung eigentlich ausgeschlossen werden kann, kann man auf dem Standpunkt stehen, dass die Richtlinien für eine Kollision gar nicht gelten. Hier fehlt dem Autor die Erfahrung – ggfs. bitte nachfragen.

Modell	APAS assistant inline	APAS KUKA
Arme	1	1
Achsen	6	6
Reichweite mm	911	1.100
Traglast kg	5,5	10,0
Eigengewicht kg	35,0	60,0
Wiederholgenauigkeit mm	0,03	0,01
Temperatur Grad C	n.a.	n.a.
IP	54	54

Das Besondere an den APAS-Geräten ist die sehr hohe Wiederholgenauigkeit, die bei den meisten Anwendungen allerdings gar nicht benötigt wird.

https://youtu.be/stFYQaHULLk

(Quelle: YouTube, Bosch APAS)

Denso

Der große japanische Konzern (50 Mrd. US-$ Umsatz) bietet den kleinsten Cobot an. Er kann nur 500g (bzw. bei 5-Achs-Betrieb 700g) heben. Damit nach Greifer überhaupt noch Hebelast überbleibt, hat er eigene Greifer, wie auch eine Kamera. Da seine Reichweite mit 34 cm ebenfalls sehr niedrig ist, konnte sein Gewicht auf 4 kg beschränkt werden. Er kommt mit einer kleinen Standfläche aus und eignet sich daher sehr gut für Nischenanwendungen. Zudem ist er denkbar einfach zu transportieren, z.B. von einem Platz zum nächsten einfach händisch ohne Kraftanstrengung. Die Programmierung erfolgt über eine Tablet-Oberfläche oder auch die Kamera. Laut Hersteller soll er bereits 110.000 mal im Einsatz sein.

Modell	**Cobotta**
Arme	1
Achsen	6
Reichweite mm	343
Traglast kg	0,5
Eigengewicht kg	4,0
Wiederholgenauigkeit mm	0,05

Wie auf dem Foto gut sichtbar, hat der Cobtta keinerlei Ecken und Kanten – ein klares Sicherheitsplus.

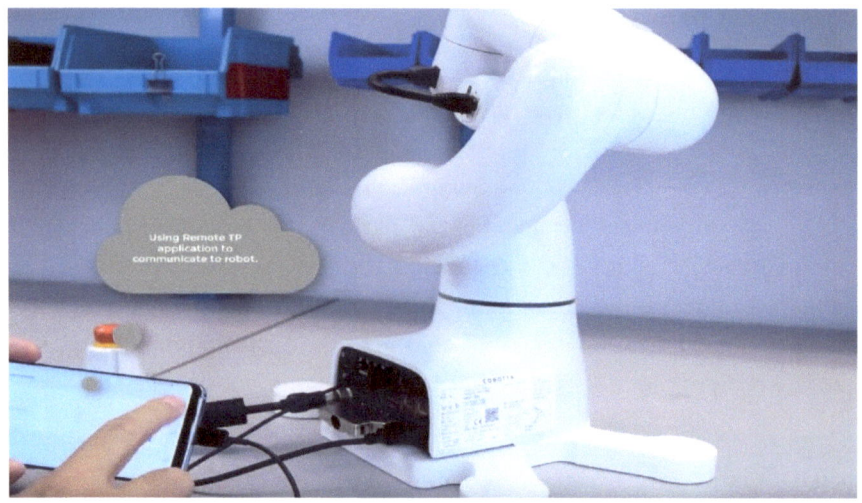

https://youtu.be/clMfw4r77pE

(Quelle: YouTube, Denso Robotics)

Doosan

Der südkoreanische Konzern ist bekannt als Bagger-Hersteller. Dass er in den Roboter-Markt eingestiegen ist, zeigt, welches Potential allgemein bei den MRK gesehen wird. Die Qualität und Eigenschaften der Cobots werden allgemein anerkannt. Ein USP seiner Roboterreihe ist die ungewöhnliche Reichweite von bis zu 1,70 m. Zudem gibt es Ausführungen für explosionsgefährdete Umgebungen.

Modell	M0609	M1509	M1013	M0617	M1509
Arme	1	1	1	1	1
Achsen	6	6	6	6	6
Reichweite mm	900	1.500	1.300	1.700	900
Traglast kg	6,0	15,0	10,0	6,0	15,0
Eigengewicht kg	27,0	32,0	33,0	34,0	32,0
Wiederholg. mm	0,10	0,10	0,10	0,10	0,1
Temperatur Grad C	5-45	5-45	5-45	5-45	5-45
IP	54	54	54	54	54
Besonderes:		Anti-Statik verfügbar			
Tablett-Programmierung	x	x	x	x	x

Die Preise reichen – sehr grob – von 33.000 € (M0609) bis rund 43.000 € (M1509) und bedingen zumindest einen 2-Schichtbetrieb.

Der Doosan wird in Asien in unterschiedlichsten Branchen eingesetzt. In diesem Video kommt die Reichweite ganz gut zum Vorschein:

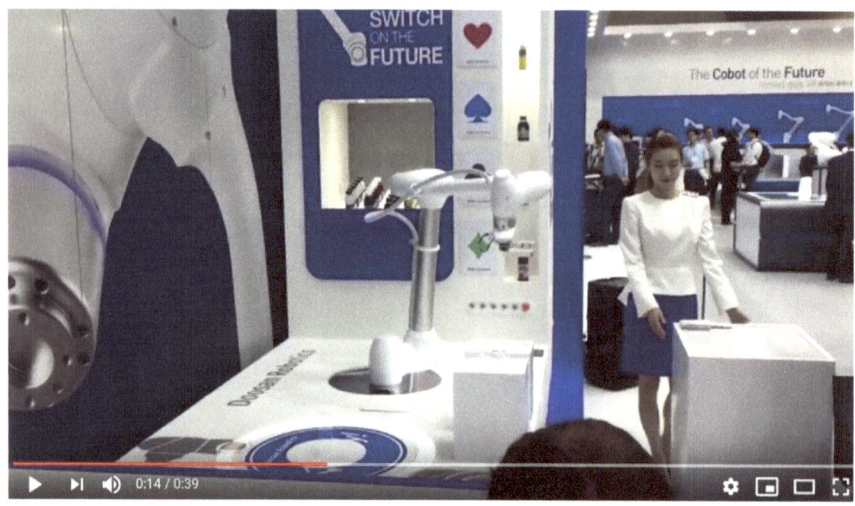

https://youtu.be/gX2D16RWRek

(Quelle: YouTube, Don Don)

Doosan verfügt in Deutschland über einen eigenen Vertrieb. Er scheint mir nur als Cobot einsetzbar. Es gibt ja auch Cobots mit solch einer Geschwindigkeit, dass sie einem flinken Industrieroboter ähneln. Doosan erreicht aber „nur" 1 m/ Sekunde.

Elephant Robotics

Das chinesische Unternehmen stellte bei der Hannover Messe 2019 seinen „Catbot" vor, der nur etwa 5.000 € kostet. Auch wenn die Cobots heute wohl eher um die 10.000 € zu haben sein werden, sind sie doch sehr günstig. Allerdings ist der Cobot (noch) nicht in Deutschland und wohl auch nicht in Europa erhältlich. Da die Dokumentation des „Catbot" im Gegensatz zu seinen unten aufgeführten Geschwistern auf Englisch verfügbar ist, kann davon ausgegangen werden, dass der „Catbot" auch hier angeboten werden wird – und sei es über die neuen Alibaba-Logistcenter.

Das interessante am „Catbot" ist neben seinem recht hochwertigen optischen Eindruck die zugesagte hohe Wiederholgenauigkeit und Optionen wie Sprachsteuerung. Gerade Sprachsteuerung, wenn sie denn funktioniert, kann für Billig-Roboter wie den „Catbot" der Schlüssel sein, um Handwerkern oder auch Bastlern eine dritte Hand zu ermöglichen. Wie bei den supergünstigen MRK üblich, gehört kein Tablet zum Lieferumfang. Da zwischenzeitlich jeder privat über ein Tablet verfügt, ist dies aber kein größeres Problem, so dass der Programmierung nichts im Wege steht, so man es denn kann.

Modell	Catbot	Panda 3	Panda 5
Arme	1	1	1
Achsen	6	6	6
Reichweite mm	60	50	810
Traglast kg	3,0	3,0	5,0
Eigengewicht kg	18,0	17,0	23,0
Wiederholgenauigkeit mm	0,05	0,05	0,05
Temperatur Grad C	0-50	0-50	0-50
IP	42	42	42

Bei dem niedrigen Preis kann der Catbot für einfache Tätigkeiten eingesetzt werden, wie das Video zeigt (Messeinheiten sind allerdings nicht zu sehen.

https://youtu.be/uOKjqMWDygM

(Quelle: YouTube, Elephant Robotics)

Elephant Robotics verfügt m.W. in Deutschland bzw. Europa über keinen Vertrieb. Somit dürften auch EU-Zertifizierungen fehlen. Allerdings nennt das Unternehmen als Referenzen gerade französische Unternehmen wie Valeo, Decathlon und andere.

ESI (Engineering Services Inc)

Getrieben durch das extreme Wachstumspotential auf dem Markt der Cobots ist das kanadische Unternehmen ESI 2018 in den Cobot-Markt eingestiegen. Seine zwei Roboter haben eine a.o. hohe Wiederholgenauigkeit und eine ebenso ungewöhnliche Kraft (15 kg) und Reichweite von bis zu 132 cm. Durch das ebenfalls ungewöhnlich hohe Gewicht ist ihre Flexibilität allerdings eingeschränkt. Bei Gewichten von 100 kg incl. Controller fällt es selbst zwei Mitarbeitern nicht leicht mal eben den Cobot wegzuräumen.

Ob die Roboter auch in Deutschland oder Europa vertrieben werden, ist noch nicht absehbar. Im Zuge der weiteren Entwicklung sollen sie autonom fahren können. Bereits heute sind Kamera-Lösungen verfügbar. Mit dem Automobilzulieferer Magna wurde bereits ein interessanter Referenzkunde gewonnen.

Modell	**C-7**	**C-15**
Arme	1	1
Achsen	6	6
Reichweite mm	900	1.323
Traglast kg	7,0	15,0
Eigengewicht kg	50,0	100,0
Wiederholgenauigkeit mm	0,05	0,05
Temperatur Grad C	0-40	0-40
IP	54	54

Wie im Video sichtbar, tastet ESI permanent seine Umgebung nach Hindernissen ab und hört so auf zu arbeiten, wenn beispielsweise ein Mensch in der Nähe ist.

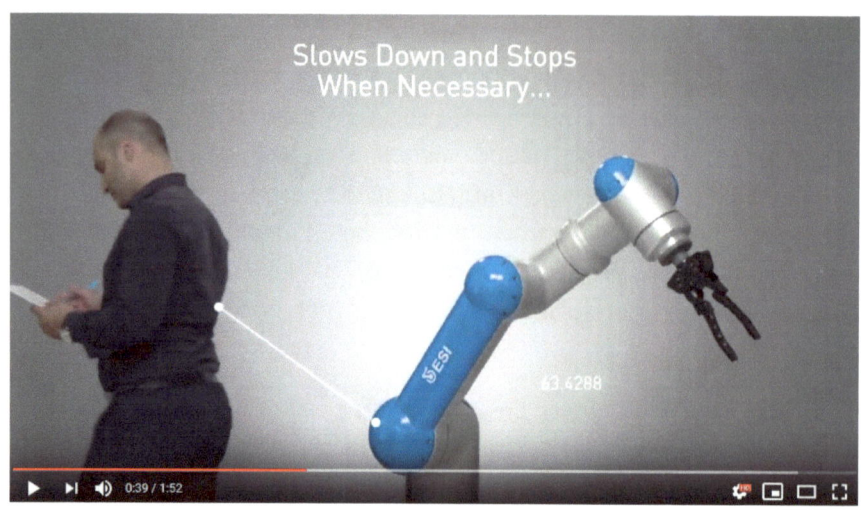

https://youtu.be/mhnUwyP_MCM

(Quelle: YouTube, Engineering Services Inc.)

Fanuc

Der japanische Roboter-Hersteller hatte bis Ende 2019 nur Cobots, die als Folge ihres hohen Gewichtes keine echten waren. Immerhin war dabei der stärkste MRK. Seine Hebekraft von 35 kg dürfte für das Gros der Leser uninteressant sein, zumal er einen hohen fünfstelligen Betrag kostet. Denkbare Spezialanwendungen wie das Wechseln von Autoreifen auf Felgen scheiden eigentlich aus, da sie sich bei nur saisonaler Benutzung kaum amortisieren können. Auffallend ist die „Klobigkeit" aller grünen Modelle und ihr erwähntes hohes Gewicht, aber auch – dank hoher Schutzklasse - die Beliebigkeit ihres Standortes. Bereits der kleinste der nachfolgend aufgeführten Roboter kostet – vielleicht kaum noch wettbewerbsfähige -rund 40.000 €, der Größte rund 80.000 €. Bei Fanuc handelt es sich aber auch um einen der erfahrensten Anbieter mit hohem Qualitäts- und Support-Bewußtsein, eben dem Branchen-Primus. Ab dem Frühjahr 2020 wird nun erstmals ein leichter und damit echter Cobot verfügbar sein, der CRX-10iA, der bei einer Reichweite von 1,40 m satte 10 kg heben kann und selber „nur" noch 39 kg wiegt. Er ist anders als seine Geschwister weiß mit grünen Ringen.

Modell	CR-4iA	CR-7iA	CR-7iA/L	CR-15iA	CR-35iA
Arme	1	1	1	1	1
Achsen	6	6	6	6	6
Reichweite mm	550	717	911	1.441	1.813
Traglast kg	4,0	7,0	7,0	15,0	35,0
Eigengewicht kg	48,0	53,0	55,0	255,0	990,0
Wiederholg. mm	0,10	0,10	0,10	0,10	0,10
Temperatur Grad C	0-45	0-45	0-45	0-45	0-45
IP	67	67	67	67	54/67

Eine Video zeigt die enorme Kraft des größten Modells, macht aber auch das hohe Gewicht von fast 1 to verständlich:

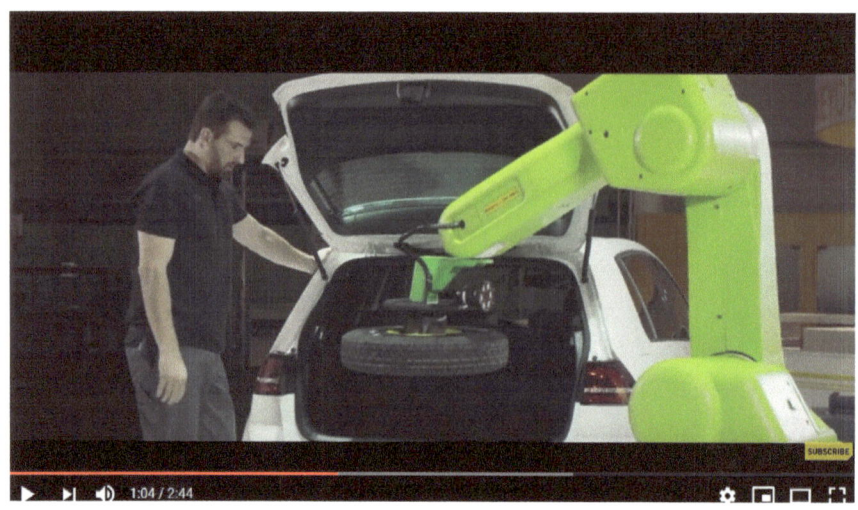

https://youtu.be/U7XL9_0dSJs

(Quelle: YouTube, FANUC Europe)

Sollte die 35 kg Traglast nicht ausreichen, es gibt von der italienischen Firma Comau sensitive Scara-Roboter (2 Achsen), die bis 120 kg heben können.

F&P Personal Robotics

Der F&P-Cobot kommt aus der Schweiz, womit fast alles gesagt wäre. Sein Preis von etwa 25.000 € ist angesichts seiner Traglast von 5 kg vielleicht hoch, für einen Eidgenossen ist der Preisaufschlag aber überschaubar.

Modell	P-Rob 2R
Arme	1
Achsen	6
Reichweite mm	775
Traglast kg	3,0
Eigengewicht kg	20,0
Wiederholgenauigkeit mm	0,10
Temperatur Grad C	
IP	54

Im nachfolgenden Video verpackt ein F&P, aus hygienischen Gründen gut verpackt, hängend (kann nicht jeder) und mobil (kann ebenfalls nicht jeder) Yoghurt-Töpfe mit Hilfe von zahlreichen Saugnäpfen.

https://youtu.be/b_M5-XDjmqE

(Quelle: YouTube, F&P Personal Robotics)

Es scheint, als spezialisiere sich die Firma nun auf Gastronomie-Roboter und solche für die Pflege (incl. Massage). Die Gastronomie-Roboter stellen eine Komplett-Lösung dar incl. Bar und Tablet über das er Gast seinen Drink bestellen und mixen kann.

Franka

Der 2017 auf den Markt gekommene „Panda" der Münchner Firma Franka hat medial die Beachtung der MRK wesentlich erhöht und durch seinen extrem niedrigen Preis sowie die extrem einfache Programmierung incl. Verteilung in der Cloud die Cobots quasi massentauglich gemacht. Als erster MRK ist er zudem von Hause aus CE-konform. Als Nachteile sind seine geringere Tragkraft, die moderate Reichweite sowie seine als Folge der niedrigen Schutzklasse zu erwartenden Probleme in ungünstigeren Umgebungen zu nennen. Mit seinen 7 Freiheitsgraden ist der Panda besonders beweglich. Hauptkunden des Panda dürften Forschungsinstitute sein. Die TU Dresden soll allein 20 Exemplare bestellt haben.

Modell	Panda
Arme	1
Achsen	7
Reichweite mm	859
Traglast kg	3,0
Eigengewicht kg	18,0
Wiederholgenauigkeit mm	0,10
Temperatur Grad C	15-25
IP	20

Der Panda kann ebenso wie der UR3 3 kg heben und dürfte daher eine echte Alternative zu diesem sein. Für 2020 wurde ein Roboter mit einer Traglast von etwa 10 kg angekündigt. Vermutlich wird er dann auch über die IP 54 verfügen. Franka benötigt diesen neuen Roboter um auf den gewünschten Jahresabsatz von 10.000 oder 15.000 Roboter kommen zu können.

Ein Video zeigt, wie einfach der Panda aufzubauen und zu Programmieren ist:

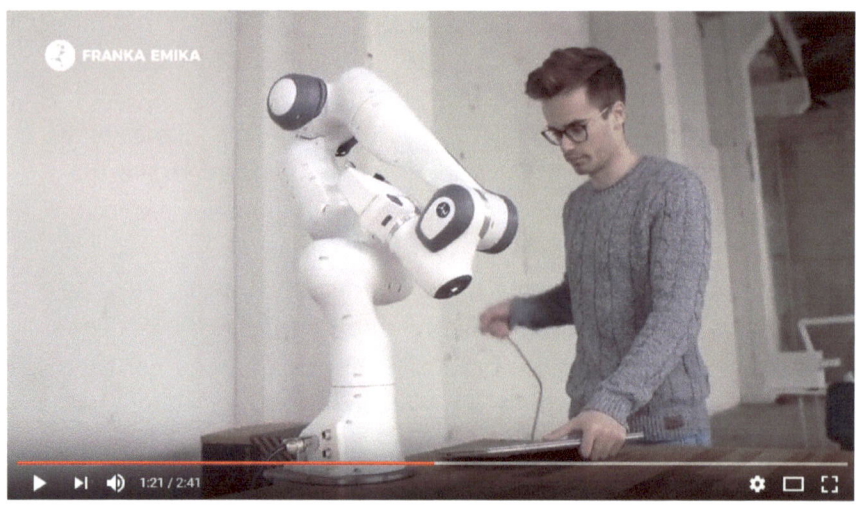

https://youtu.be/bXo68UFNyhk

(Quelle: YouTube, Franka Emika)

Mit der Panda World besteht eine Plattform, über die von anderen Nutzern erstellte Programmierungen und Lösungen gekauft werden können. Anfang Oktober 2019 zählte die Programm-Bibliothek bereits 100 Apps, also Lösungen für unterschiedliche Anwendungen. Da der Absatz mittlerweile bei etwa 1.000 Stück/ Monat liegen dürfte, gibt es bereits zahlreiche Anwendungen. Das Eco-System rund um den Panda dürfte die kritische Größte längst überschritten haben und bietet selbst für CNC Lösungen, wobei die geringe Traglast den Einsatz limitieren kann. Vor dem Hintergrund des bereits großen Eco-Systems hält sich das Risiko beim Kauf eines Pandas in Grenzen. Dies gilt umso mehr, wie das Startup mit dem Familienkonzern Voith über einen finanzstarken Gesellschafter verfügt. Der Vertrieb wird für Industrielösungen wird ebenfalls von Voith vorgenommen, so dass Interessenten ebenfalls die entsprechende Website

https://voith.com/robotics-en/index.html

aufrufen sollten. Wer „nur" einen Panda bestellen mag ohne weitere Lösung, ist bei German Robotics besser aufgehoben.

Übrigens dürfte kaum ein zweiter so gut vernetzt sein wie der Mitgründer des Unternehmens, Prof. Dr.-Ing. Sami Haddadin. Haddadin ist seit Mitte 2018 Direktor der neugegründeten Munich School of Robotics and Machine Intelligence der TU München. Haddadin, so ist von Kollegen zu hören, würde derart vom Freistaat Bayern mit Geld gefördert, dass er gar nicht wisse welches Projekt er als erstes angehen sollen. In einem Land wie Deutschland, in dem die Bundesregierung nach Monaten des Hin und her läppische 100 KI-Professuren ausgeschrieben hat, wäre dies durchaus positiv. Bayern allein hat übrigens 100 neue KI-Professuren und 900 weitere beschlossen.

Ein weiterer Pluspunkt bei Franka dürften die vom Panda begeisterten studentisch geprägten Integratoren sein. Im Internet (YouTube oder Twitter) sind eigentlich sinnlose Lösungen zu sehen (z.B. Öffnen einer Getränkeflasche), die nur von dem programmiert werden, der mit Spaß bei der Sache ist. Integratoren aus der Industrie lachen noch über den Panda, da er nur bedingt heben kann und keinen Schmutz verträgt.

Der Panda ist nicht nur besonders sensitiv, sondern auch experimentierfreudig: Kann er im ersten Versuch z.B. etwas nicht aufstecken, probiert er es weiter, indem er seinen Radius erhöht. Ähnlich agiert auch Flexiv. In diesem Video klappt aber alles beim ersten Versuch:

https://youtu.be/Fy8dnS45YyA

(Quelle: YouTube, Franka Emika)

Flexiv

Noch nicht erhältlich sind die beiden Roboter des amerikanischen, aber von chinesischen Venture-Capitalisten mit 22 Mio. US-$ finanzierten Startups Flexiv, einer Standford-Ausgründung. Flexiv wirbt damit den ersten adaptiven Cobot entwickelt zu haben. Dieser sucht sich sein Ziel um es dann zu bearbeiten. D.h. Positionsabweichungen oder schlampige Programmierungen werden ausgeglichen. Hier kann der Franka m.E. noch mithalten. Zusätzlich kann der Flexiv das Erlernte auch auf andere Anwendungen übertragen und kombinieren. Wieder wie Franka – oder auch wie Kassow, Rethink oder Siasun – verfügen die beiden Rizon genannten Cobots über 7 Freiheitsgerade.

Aktuell sind noch nicht alle Daten bekannt:

Modell	Rizon 4	Rizon 8
Arme	1	1
Achsen	7	7
Reichweite mm	850	1.000
Traglast kg	4,0	8,0
Eigengewicht kg	18,0	22,0

Natürlich bemüht das Unternehmen das Modewort KI bzw. AI eifrig:

https://youtu.be/s5gAKA-cYQg

(Quelle: YouTube, Flexiv)

HAN´s Robots

Von Spanien aus betreut der chinesische HAN´s-Konzern mittlerweile auch Deutschland. (Kleines Kuriosum am Rande: Aus „HAN´s-Robots" wurde die Domain „hansrobot.eu" abgeleitet.) Die Website des deutschen, in München ansässigen Distributeurs nennt zahlreiche Anwendungsfälle und hebt die Integration zu Kuka, ABB und Fanuc hervor. Im März 2019 wurde zudem in Reutlingen eine deutsche GmbH gegründet, deren Geschäftsführer aber in der Schweiz wohnt. Offenbar wird die deutsche Niederlassung erst Mitte 2020 ihre Geschäftstätigkeit aufnehmen.

Aktuell werden drei unterschiedliche Modelle angeboten, die in etwa den technischen Daten von Universal Robots entsprechen. Wie eine Preisabfrage auf Alibaba ergab, dürften die HAN´s nicht wesentlich günstiger als Universal Robots sein. Technologisch machen sie einen guten Eindruck – incl. möglicher Sprachsteuerung – bislang wohl einmalig im Cobot-Sektor. HAN´s und Acutronic sind teilweise kompatibel.

Modell	E3	E5	E10
Arme	1	1	1
Achsen	6	6	6
Reichweite mm	590	800	1.000
Traglast kg	3,0	5,0	10,0
Eigengewicht kg	17,0	23,0	40,0
Wiederholgenauigkeit mm	0,05	0,05	0,05
Temperatur Grad C	0-50	0-50	0-50
IP	54	54	54

Das Video zeigt einen HAN´s beim Löten:

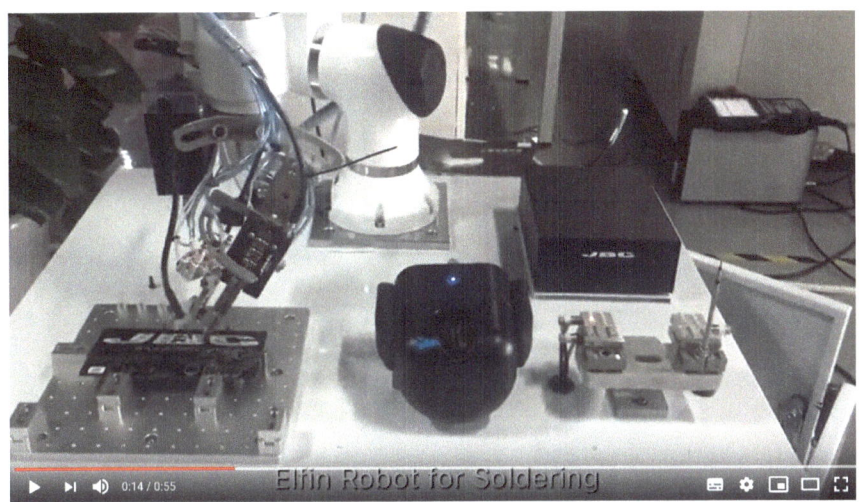

https://youtu.be/CYSve-tVKoo

(Quelle: YouTube, Han´s Robot)

Hanwha

Der Mischkonzern Hanwha hat seinen Sitz in Süd-Korea und trat in Deutschland durch die Übernahme des Solarzellenherstellers QCells erstmals in Erscheinung. Süd-Korea ist bekannt für das die hohe technologische Kompetenz. Der Hanwha ist daher kein Billig-Roboter, sondern ein höchst solider, sehr einfach programmierbarer Cobot, der bereits in Deutschland den iF Design-Preis 2017 gewonnen hat. Hatte man zunächst die norddeutsche Firma Freise Automation als Partner, wird Hanwha ab Mitte 2020 offenbar eine eigene Niederlassung in Frankfurt unterhalten.

Modell	**HCR-5**
Arme	1
Achsen	6
Reichweite mm	915
Traglast kg	5,0
Eigengewicht kg	20,0
Wiederholgenauigkeit mm	0,10
Temperatur Grad C	0-50
IP	54

Dass Hanwha einen besonderen Anspruch hat, zeigt das Video mit der recht aufwendigen Programmierung.

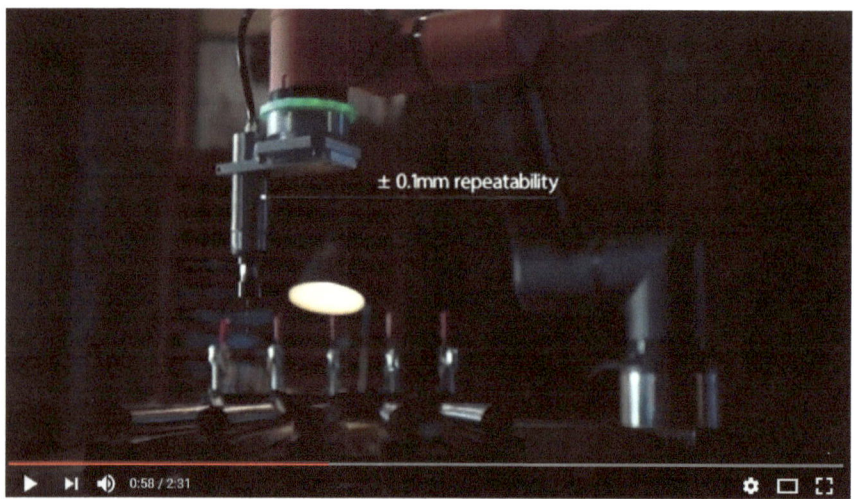

https://youtu.be/L__uyBH7K4s

(Quelle: YouTube, Hanwha Robotics)

Das Video deutet eine Vision an: Der laufende kollegiale Einsatz läßt sich wohl kaum programmieren, aber mit Spracherkennung („Alexa" & Co.) machbar sein. Etwa: „Dreh den Rahmen um 20 Grad").

Hitbot

Bei Hitbot handelt es sich um einen chinesischen Anbieter von allenfalls semi-professionellen Cobot. Der Clou: Wie auch das französische Startup MIP-Robotics kommt man mit nur vier Achsen dank einer integrierten vertikalen Lineareinheit aus. Der flinke Kollege kostet weniger als 4.000 $. Sofern der Hitbot eine gute Lebensdauer hat, stellt er für die entsprechenden Anwendungen eine extrem günstige Möglichkeit der (Teil-) Automatisierung dar. Einmal mehr verspricht hier ein chinesischer Hersteller eine ungewöhnlich gute Wiederholgenauigkeit von 0,03 mm.

Modell	**Z-arm 1632 C**	**Z-arm2140**
Arme	1	1
Achsen	4	4
Reichweite mm	320	400
Traglast kg	1,0	3,0
Eigengewicht kg	9,0	19,0
Wiederholgenauigkeit mm	0,01	0,03

https://youtu.be/AoyYqhJPAoU

(Quelle: YouTube, Hitbot Robotics)

Jaka

Das chinesische Startup Jaka hat im April 2019 im Rahmen der Serie B-Finanzierung 15 Mio. US-$ erhalten, in Summe 39 Mio. US-$. Angesichts dieser Investitionen ist davon auszugehen, dass Jaka zumindest mittelfristig auch versuchen wird in Europa Fuß zu fassen. Die Ausstattung der Cobots scheint hierfür geeignet zu sein.

Modell	**Zu3**	**Zu7**	**Zu12**
Arme	1	1	1
Achsen	6	6	6
Reichweite mm	498	796	1.300
Traglast kg	3,0	7,0	12,0
Eigengewicht kg	12,0	21,0	31,0
Wiederholgenauigkeit mm	0,03	0,03	0,03
Temperatur Grad C	0-50	0-50	0-50
IP	54	54	54

https://youtu.be/fY4S-PPnYE4

(Quelle: YouTube, Louis Lee)

Kassow Robots

Das dänische Startup mit dem russischen Namen hat sich erstmals auf der Automatica 2018 präsentiert. Die Roboter wirkten etwas einfach, insbesondere im Vergleich zum Hanwha, weisen aber ein interessantes Leistungsspektrum auf und sind dank ihrer sieben Freiheitsgrade besonders beweglich:

Modell	KR810	KR1205	KR1805
Arme	1	1	1
Achsen	7	7	7
Reichweite mm	850	1.200	1.800
Traglast kg	10,0	5,0	5,0
Eigengewicht kg	23,5	25,0	45,0
Wiederholgenauigkeit mm	0,10	0,10	0,10
Temperatur Grad C	0-50	0-50	0-50
IP	54	54	54

In den vergangenen Monaten hat Kassow einige Distributoren in europäische Ländern sowie den USA gewinnen können, u.a. auch mehrere in Deutschland. Kassow kann auch deshalb eine Option sein, weil der gleichnamige Gründer zu den Gründern von Universal Robots gehörte. D.h. er kennt sowohl die Technik wie den Markt und dürfte so auch leichter an Investoren kommen, sollte es „klemmen". Das Video zeigt einen klaren Vorteil der Kassow-Cobots: Ihre Stärke, hier hebt der Roboter gleich zwei 2,5 Liter-Flaschen und somit 5 kg.

https://youtu.be/PU23gVJHTT0

(Quelle: YouTube, Bots Automation)

Kassow baut zielstrebig das internationale Vertriebsnetz auf und forscht an der Sprachsteuerung für seine Roboter. Typische Befehle wie „Hand auf" etc. klappen bereits sehr gut. Zudem hat ein Integrator bereits einen Kassow mit einem MIR-Roboter zum Hybriden-Roboter verschmolzen.

Kawada Industries

Der fahrbare und mit zwei Armen sowie Optik ausgestattete Nextage war seiner Zeit vielleicht seit Jahren (er wurde gegen 2010 vorgestellt) voraus.

Modell	**Nextage**
Arme	2
Achsen	6
Reichweite mm	577
Traglast kg	1,5
Eigengewicht kg	29,0
Wiederholgenauigkeit mm	
Temperatur Grad C	

Für Spezialanwendungen, wie im Video zu sehen (Labor), kann er sich natürlich bezahlt machen – Preis: 60.000 Euro.

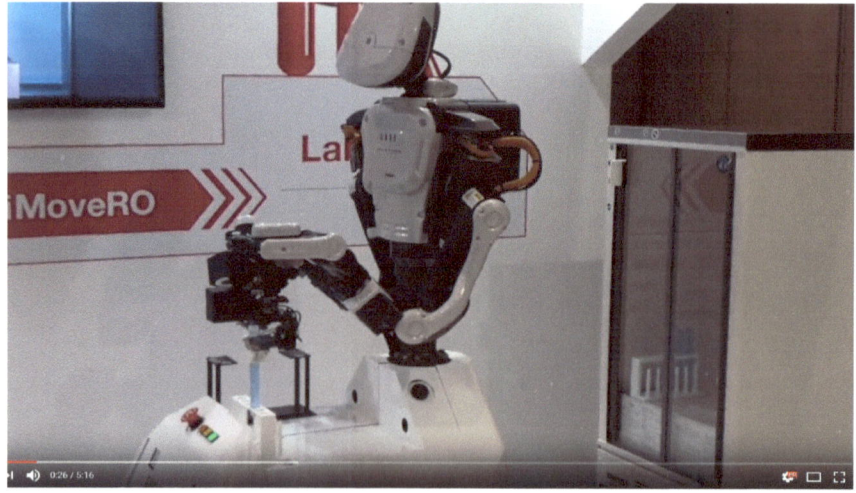

https://youtu.be/a8Iy8L_rrMM

(Quelle: YouTube, Industrial Robots)

Kuka

Der Platzhirsch unter den Industrieroboter-Herstellern hat den Trend und Druck der MRK erkannt bietet mit dem in 2019 erscheinenden iisy einen kompakten Cobot an, der die verspätete Antwort auf den Panda von Franka sein soll. Franka hatte zunächst mit Kuka zusammenarbeiten wollen, dann aber erkannt, dass die Geschäftsmodelle sich widersprechen. Die Franka-Mitarbeiter dachten ähnlich und kündigten geschlossen bei der Vorgängerfirma, an der Frana noch beteiligt war und gingen zur neuen Franka Emika. Kuka verlor hierdurch viel Geld.

Kuka erzielt bislang hohe Erlöse aus der Programmierung, die Franka aber als eigenes Erlösmodell gar nicht vorsieht. In der Folge stieg der ehemalige Kuka-Großaktionär bei Franka ein. Der iisy soll etwa 20.000 € kosten und würde daher den Preisvorstellungen/ dem Budget der Zielgruppe dieses Buches entsprechen. Der iiwa kostet gegen 60.000 €. Sein Einsatz rechnet sich daher vor allem im Mehrschichtbetrieb, nicht aber nur bei gelegentlicher Nutzung.

Nicht unerwähnt bleiben sollte, dass Kuka einem chinesischen Konzern gehört und deutsche Konzerne seit der Übernahme Kuka zum Teil meiden aus Angst, dass Daten etc. nach China gelangen könnten. Ein Zulieferer für einen Hightech-Betrieb könnte somit Probleme mit seinem Kunden bekommen, wenn er diesem seine Fertigung samt Kuka-Robotern zeigt. Reine Spekulation, aber erwähnenswert.

Modell	**iiwa 7 R800**	**iiwa 14 R820**	**iisy (ab 2019)**
Arme	1	1	1
Achsen	7	7	6
Reichweite mm	800	820	600
Traglast kg	7,0	14,0	3,0
Eigengewicht kg	23,9	30,0	18,8
Wiederholgenauigkeit mm	0,15	0,15	
Temperatur Grad C	5-45	5-45	
IP	54	54	

Mit seiner geringen Reichweite ist der iisy für die Elektronik- und Medizin-Industrie konzipiert. Bereits seit über sechs Jahren verfügbar ist der sehr teure iiwa – die Programmierung ist daher noch nicht sonderlich einfach.

Für den iiwa gibt es autonom fahrende Untersetzer, wie im Video zu sehen ist:

https://youtu.be/9WNE3JAcO6U

(Quelle: YouTube, Kuka Robots & Automation)

Mabi

Ein weiterer schweizer Hersteller, der neben den Roboter ähnlich wie Kuka auch fahrbare Untersätze anbietet. High-End-Geräte, die ohne MRK-Drosselung besonders schnell sein können und vor allem mit Kuka konkurrieren. Wahrscheinlich unschlagbar: Die Einsetzbarkeit aus allen Winkeln. Allerdings scheint die Sensitivität derzeit noch begrenzt zu sein. Im Markt heißt es, dass Mabi 2020 mit neuen Cobots einen neuen Anlauf unternehmen wird. Die bisherigen Verkäufe waren sehr bescheiden.

Modell	Speedy 6	Speedy 12
Arme	1	1
Achsen	6	6
Reichweite mm	800	1.250
Traglast kg	6,0	12,0
Eigengewicht kg	28,0	35,0
Wiederholgenauigkeit mm	0,10	0,10
Temperatur Grad C	0-55	0-55
IP	54	54

https://youtu.be/mbVIJdKTiQ8

(Quelle: YouTube, Mabi AG Robotic)

Ein kleiner Exkurs: Im Video ist ein Techniker im weißen Kittel mit einem futurischen Brillenvorsatz zu sehen. Es handelt sich um eine simple Datenbrille, wie es sie beispielsweise von Garmin bereits für 300 € für Radfahrer incl. Vernetzung zu ihrem Fahrradcomputer gibt:

https://youtu.be/ppjoDXQ0VEE

(Quelle: YouTube, DC Rainmaker)

MIP-robotics

Einen originellen, aber vermutlich am Markt nicht sonderlich populären Ansatz verfolgt dieses französische Startup. Es ersetzt zwei Achsen durch eine vertikal-bewegliche Achsen, die um 188 mm in die Höhe bzw. Tiefe fahren kann. Vermutlich aus diesem Grund ist das Eigengewicht ebenso wie der Preis (etwa 8.000 €) unterdurchschnittlich niedrig. Ob MIP seine Produkte als vollwertig betrachtet, kann angesichts der Namenswahl für die Modelle bezweifelt werden. Und wem dieser Ansatz gefällt, der sollte sich auch den günstigeren Hitbot betrachten.

Modell	**Junior 200**	**Junior 300**
Arme	1	1
Achsen	4	4
Reichweite mm	400	600
Traglast kg	3,0	3,0
Eigengewicht kg	13,0	13,5
Wiederholgenauigkeit mm	0,10	0,10
Temperatur Grad C		
IP	20	20

Die Programmierung über ROS ist für Kundige ein Vorteil. Als Zubehör gibt es ein Vision-System zur optischen Erkennung von Artikeln.

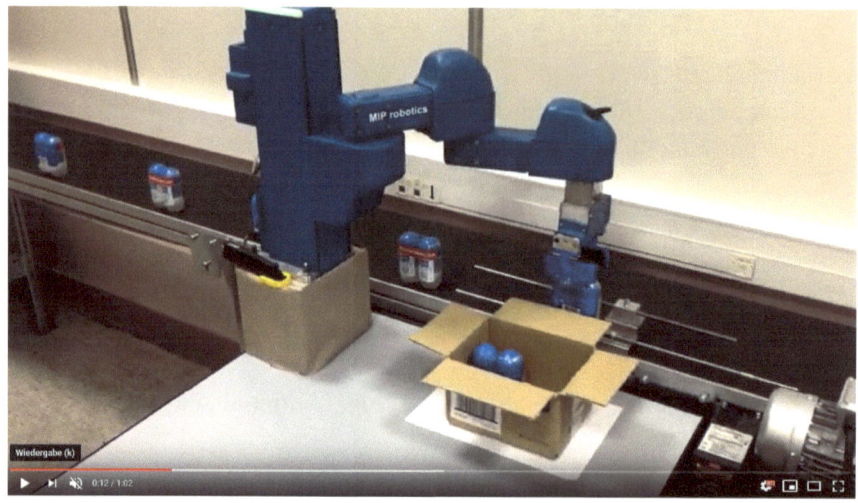

https://youtu.be/d6Nr2vPkof8

(Quelle: YouTube, MIP robotics)

Nachi

Das japanische Unternehmen hat Ende 2017 seine ersten beiden Cobots vorgestellt. Sie sind einfach mittels Teachen anzulernen und verfügen über eine berührungsempfindliche Außenhaut. Im Betrieb ist die Verbindung mit einer Datenbrille möglich.

Modell	**CZ5**	**CZ10**
Arme	1	1
Achsen	6	6
Reichweite mm	1.300	1.300
Traglast kg	5,0	10,0
Eigengewicht kg	35,0	51,0
Wiederholgenauigkeit mm	0,10	0,10
Temperatur Grad C	0-45	0-45
IP	54	54

Neben der großen Reichweite kann als Besonderheit die Fähigkeit an der Decken hängend zu arbeiten genannt werden. Je nach Bedarf können als Alternative zu den Cobots die extrem schnellen und kleinen Leichtbauroboter genannt werden. Diese eignen sich ideal für das Handeln von kleineren/ leichteren Teilen bei kurzer Reichweite und sehr schnellen Taktzeiten.

https://youtu.be/c9F3_3yMEOk

(Quelle: YouTube, Nachi Robots)

Neuromeka

Aus Süd-Korea kommt eine ganze Familie von preiswerten, langsameren und hier nicht erhältlichen Cobots. Ihr Vorteil liegt im niedrigen Preis (m.W. etwa. 10.000 €) sowie der Einfachheit des Anlernens über Teachpanels und die Option einer Bildverarbeitung auf Deep Learning-Basis.

So interessant die MRK von Neuromeka erscheinen, sie dürften auf absehbare Zeit nicht in Europa verfügbar sein. Dies ist auch insofern interessant, wie das Unternehmen offenbar ausreichend Marktpotential bei vor Ort sieht.

Modell	**Indy 7**	**Indy 12**
Arme	1	1
Achsen	6	6
Reichweite mm	800	1.200
Traglast kg	7,0	12,0
Eigengewicht kg	28,0	53,0
Wiederholgenauigkeit mm	0,05	0,05

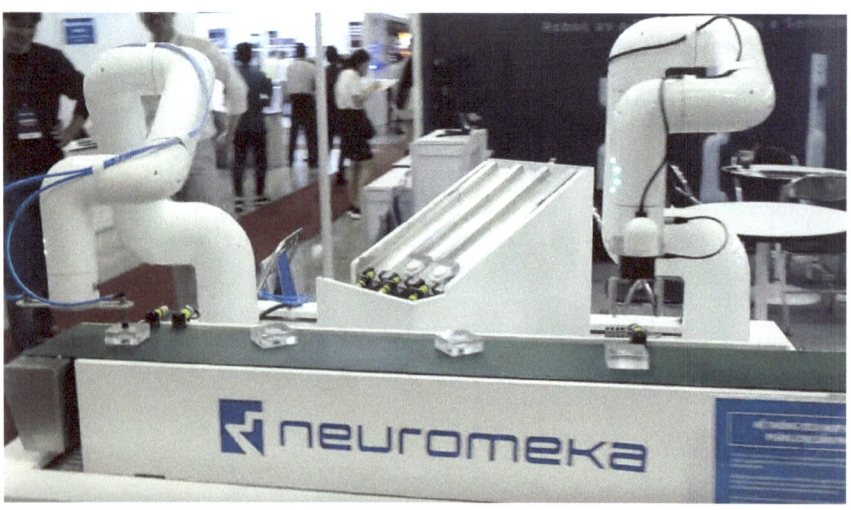

https://youtu.be/GsyCwcirQVc

(Quelle: YouTube, Neuromeka)

Omron

Der japanische Konzern Omron gilt als Automatisierungsspezialist mit der weltweit größten Artikelanzahl. Seit einigen Jahren wendet er sich konsequent der Robotik zu – auch mit Hilfe von größeren Akquisitionen (Adept) oder Kooperationen. Omron ist ein Premium-Anbieter. Dies zeigt sich bereits optisch: Keine anderen Cobots sehen höherwertiger aus – vielleicht ein Kriterium bei einem Einsatz im öffentlichen Raum. Es gibt nur wenig Konkurrenzprodukte mit dieser Mischung aus Traglast und Reichweite:

Modell	TM5-700	TM5-900	TM12	TM14	TM12M	TM14M
Arme	1	1	1	1	1	1
Achsen	6	6	6	6	6	6
Reichweite mm	700	900	1.300	1.100	1.300	1.100
Traglast kg	6,0	4,0	12,0	14,0	12,0	14,0
Eigengewicht kg	22,1	22,6	33,3	32,6	33,3	32,6
Temperatur Grad C	0-50	0-50	0-50	0-50	0-50	0-50
IP	54	54	54	54	54	54

Die Preise starten bei rund 25.000 € und können schnell 40.000 € erreichen. Dazu verfügen die Omron-Cobots über eine eingebaute Kamera (5 MB) samt cleverer Bilderkennung. Diese kann nicht nur Teile leicht erkennen, sondern auch Barcodes/ QR-Codes lesen. Die Kamera hilft dem MRK zudem sich jederzeit gut zu orientieren. Hierbei wird auf das selbst entwickelte „Landmark"-Konzept zurückgegriffen. Bei der Landmark handelt es sich um Aufkleber. Dem Roboter wird beigebracht wo sich ein Aufkleber befindet. Sieht er ihn wieder, weiß er bereits, wo er sich befindet. Zwischenzeitlich sind die Cobots mit den ebenfalls von Omron angebotenen AIV (Autonomous Intelligent Vehicles) verschmolzen, wie das Foto zeigt:

https://youtu.be/J7Z49G443DQ

(Quelle: YouTube, Omron Industrial Automation EMEA)

Bei den AIV handelt es sich um autonom fahrende Transportroboter, die – je nach Modell - 60 bis 130 kg transportieren können und heute mit 30.000 € in etwa so viel wie ein Cobot kosten. Hierdurch wird es möglich, dass ein Cobot mehrere Maschinen bedient oder selbstständig ins Lager fährt um dort etwas zu holen (Barcode-Lesen kann er ja). Durch das Flottenmanagement ist der unfallfreie und parallele Einsatz von bis zu 100 A-IVs möglich.

Alternativ gibt es auch die Möglichkeit den Cobot auf eine Art Ständer zu montieren. Dieser kann von einem AGV angehoben und zum nächsten Einsatzort gebracht werden, wo der Cobot dann stationär arbeitet. Dies hat den Vorteil, dass man mehrere Cobots von einem AGV transportieren lassen kann, was natürlich die Investitionssumme deutlich senkt – sinnvoll, wenn es jeweils längere Standzeiten für den Cobot gibt.

Für die Bandfertigung von Interesse: Insbesondere in der Automobilindustrie bewegt sich heute das zu bearbeitende Werkstück, der Mensch geht mit und schraubt etc. Omron erlaubt das parallele Arbeiten des Roboters.

Ein weiteres interessantes Detail bei Omron ist das Vorhandensein weiterer Roboter aus dem Bereich Delta- und Scara, die mit dem Cobot verbunden werden können. Damit sind umfangreiche (mobile) Komplettlösungen au seiner Hand möglich. Omron bietet auch Feeder an. Dies sind Kisten/Tische, die permanent derart wackeln, dass aus einem Haufen Schrauben oder Tabletten immer wieder einzelne herausrutschen, so dass sie ein Greifer packen an.

Omron verfügt – ähnlich wie Universal Robots – über einen umfangreichen Vertrieb in Deutschland mit eigenen regionalen Showrooms.

Das Unternehmen ist Partner des Gemeinschaftsprojektes "Opdra", das in einem eigenen Kapitel in diesem Buch vorgestellt wird und bei dem erstmals Maschinenbildschirme ausgelesen werden. In der Folge nimmt ein Omron-Cobot etwaige notwendige Korrekturen vor.

Productive Robotics

Das amerikanische Unternehmen konnte in seinem Heimatmarkt offenbar derart viele OB7-Modelle verkaufen, dass es aus den laufenden Einnahmen die Entwicklung zweier weiterer Modelle finanzieren konnte. Productive Robotics gehört zu den wenigen Anbietern, deren Roboter sieben statt sechs Achsen haben und sich um 360 Grad bewegen lassen. Die Roboterarme haben daher eine Beweglichkeit, die die sechs achsige Konkurrenz nicht erreicht. Das Unternehmen rühmt sich – wie auch andere Wettbewerber - damit, die am einfachsten zu bedienenden Cobots anzubieten. Der Preis von etwa 25.000 $ für den OB7 entspricht in etwa dem üblichen Niveau. Er v kann – wenn kein Mensch mit ihm zusammenarbeitet – stolze 3m/ Sekunde zurücklegen.

Modell	OB7	OB7-Max8	OB7-Max12
Arme	1	1	1
Achsen	7	7	7
Reichweite mm	1.000	1.700	1.300
Traglast kg	5	8	12
Eigengewicht kg	24		
Wiederholgenauigkeit mm	0,1		
Temperatur Grad C	0-37		
IP	54		

Als Zubehör wird ein leistungsfähiges Vision-System zum einfachen Anlernen von Objekten angeboten. Bei einem etwaigen Markteintritt in Deutschland dürfte das Unternehmen gute Chancen haben. Dies gilt umso mehr, wie es auf Software-Updates setzt. Anfang 2020 wurde ein Update mit 50 neuen Funktionen bereitgestellt.

https://youtu.be/2szyhWL3BWI

(Quelle: YouTube, Productive Robotics)

Rethink Robotics

Der amerikanische MRK-Pionier bot mit dem Baxter zunächst einen zweiarmigen Roboter an. 2015 folgte diesem Modell der Sawyer. Beiden MRK ist gemein, dass sie quasi als Kopf über ein Tablet verfügen. Und da dieser Screen im Arbeitsmodus auch noch ein Gesicht zeigt, bietet Rethink den – zumindest optisch – menschlichsten Cobot an. Den bewußt menschlichen Charakter der Roboter erklärt auch die Namenswahl: Sawyer hebt sich von den gewohnten Typenbezeichnungen der anderen Hersteller ab. Die unter der US-Führung vorhandenen Qualitätsmängel sollen zwischenzeitlich unter der neuen deutschen Führung (s.u.) behoben sein, sind aber beim Kauf von Gebrauchtgeräten zu berücksichtigen. Das deutsche Engineering ist an den schwarzen Manschetten zu erkennen. Um Nutzer der US-Version die Unterschiede zu heute zu erläutern nachfolgend die Stellungnahme des Geschäftsführers von Rethink Robotics, Herrn Daniel Bunse, auf der Facebook-Seite des MRK-Blogs am 28.01.2020 (es handelte sich um eine Antwort):

„In der neuen Broschüre zur Markteinführung der Sawyer BLACK Edition finden Sie auch Modbus TCP und TCP/IP als Kommunikationsschnittstellen aufgeführt. Aktuell unterstützen wir ebenfalls schon Profinet sowie EtherNet/IP als industrietaugliche Protokolle. Beides werden wir in der nächsten Version unserer Broschüre ergänzen, also nochmal vielen Dank für ihren Hinweis!
Ja, aktuell haben wir keine frei konfigurierbaren Sicherheitseingänge. Dennoch haben sie natürlich die Möglichkeit einen externen Not-Halt sowie bei Bedarf zusätzlich Geräte wie einen Lichtvorhang oder einen Sicherheits-Laserscanner an unsere Sicherheitssteuerung anzuschließen.
Seit der Übernahme der Rethink Robotics Vermögenswerte durch die HAHN Group vor weniger als 1,5 Jahren hat sich viel getan: So wurden z.B. in der Sawyer BLACK Edition die Antriebe modifiziert, mechanische Einzelkomponenten ausgetauscht und hochwertigere Materialien eingesetzt, wodurch die Sawyer BLACK Edition im Vergleich zum Vorgängermodell zuverlässiger und auch leiser ist."

Nun zu den Daten:

Modell	Sawyer
Arme	1
Achsen	7
Reichweite mm	1.260
Traglast kg	4
Eigengewicht kg	19
Wiederholgenauigkeit mm	0,1
Temperatur Grad C	0-40
IP	54

Rethink verfügt über eine eigene interessante Greiferfamilie namens „ClickSmart", die einen Wechsel der Tätigkeit binnen kürzester Zeit ermöglicht. Ebenfalls praktisch: Es gibt ein fahrbares und justierbares Gestell. Der überdurchschnittliche Preis dieser Cobots erklärt sich mit der umfangreichen Ausstattung mit Kameras.

Das Foto zeigt den Einsatz in einer eher improvisierten US-Abfüllanlage (kein German Engineering). Aber, wenn ein Unternehmer, der so eine Anlage akzeptiert, Geld für einen Roboter ausgibt, dann muß sich dieser schon lohnen.

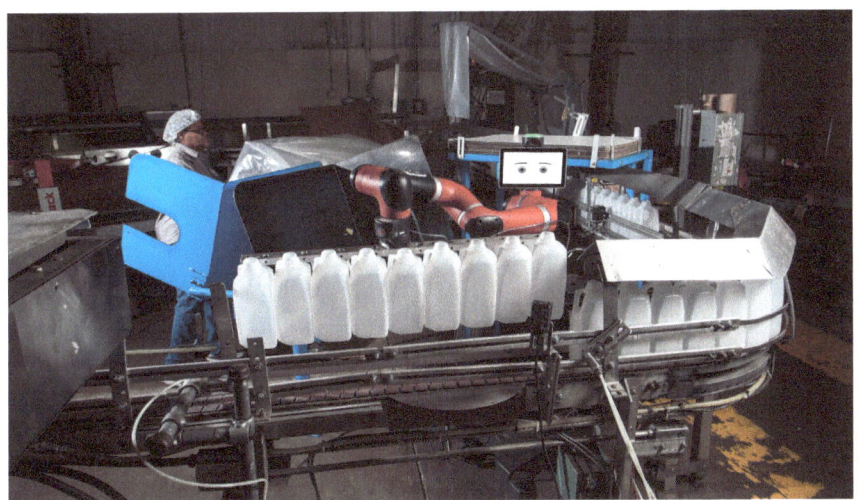

(Quelle: Rethink Roboters)

Das Video zeigt, dass der zwischenzeitlich eingestellte Baxter einen Menschen ersetzen konnte, wobei seine geringe Traglast zu beachten ist.

https://youtu.be/fCML42boO8c

(Quelle: YouTube, Rethink Robotics)

Die Rethink-Roboter gehören sicherlich zu den Premium-Produkten. Trotz Investitionen in Höhe von 150 Mio. US-$ mußte das Unternehmen im September 2018 allerdings Insolvenz beantragen – vermutlich auch als Folge der damals zu schlechten Verarbeitungsqualität. Im Oktober 2018 übernahm dann die deutsche Hahn-Group, die bereits seit 30 Jahren in der Robotik tätig ist, die Patente und das Know how. Hahn entwickelt die Roboter nicht nur qualitativ weiter. Aus Deutschland werden somit künftig mindestens vier Cobot-Reihen kommen (Rethink, Kuka, Franka und Yuanda). Seit Mitte Dezember wirbt Hahn auf den Social Media-Kanälen wie Linkedin eifrig für Rethink. Hinter Hahn steht die Ruhrkohle-Stiftung.

Anfang 2019 urteilte der CEO des Weltmarktführers Universal Robots, von Hollen, über Rethink: "One of the best competitors we ever had was Rethink" (Quelle Boston Clobe, 01.01.2019). Wohl auch aus diesem Grund übernahm Universal Robots 20 vormalige Rethink-Mitarbeiter. Rethink versucht weitere Mitarbeiter einzustellen, tut sich aber wegen der Randlage im Hunsrück schwer.

Das Unternehmen rühmt sich damit, dass seine Cobots extrem leicht anzulernen sind und bezeichnet sein Betriebssystem „Intera" als das Beste auf der Welt. Intera wird auch anderen Hersteller angeboten.

Rethink bietet seit Mitte 2019 seine Roboter auch leihweise an. Die Möglichkeit, Roboter zu mieten statt zu kaufen, dürfte sowohl für Vorsichtige wie auch für Saisonbetriebe eine Option sein.

Fazit: Wer mit geringerer Tragkraft auskommt, aber hohe Beweglichkeit, gute Reichweite und einfache Bedienung möchte, sollte sich den Sawyer auf jeden Fall anschauen. Zudem befindet er sich indirekt im Besitz der finanzstarken Ruhrkohle-Stiftung.

Rozum

Der einzige osteuropäische Roboterhersteller, der in diesem Buch vorgestellt wird, sitzt in Weißrussland. Er hat vor einiger Zeit Aufsehen dadurch erregen können, dass er einen Großauftrag aus der Ukraine zur Ausstattung von 100 Café einer dortigen Kette mit Batista-Roboter erhielt. Rozum will auch ganz klassisch seine Cobots verkaufen – auch in der EU. Die entsprechende Zertifizierung liegt vor. Vielleicht ein Vorurteil: Da 50% aller Programmierer von US-Hedge Fonds aus Russland stammen, kann davon ausgegangen werden, dass die Programmierung der Rozum gut ist.

Der Rozum scheint durchdacht und ausgereift. Das Unternehmen gibt selber als Lebensdauer mindestens 20.000 Stunden, was einen Mehrschichtbetrieb über Jahre erlauben würde.

Während der Pulse 75 21.900 US-$ kostet, liegt der Preis des Pulse 90 bei 25.900 US-$.

Modell	**Pulse 75**	**Pulse 90**
Arme	1	1
Achsen	6	5
Reichweite mm	750	900
Traglast kg	6	4
Eigengewicht kg	12,6	13,6
Wiederholgenauigkeit mm	0,1	0,01
Temperatur Grad C	0-35	0-35

Das Video zeigt, dass sich Rozum – wie auch F&P – der Gastronomie zuwendet. Daneben ist Rozum auch in der Industrie Zuhause.

https://youtu.be/_z_M1I39S0Q

(Quelle: YouTube, Rozum Robotics)

Siasun

Siasun ist der Name eines stark wachsenden chinesischen Roboter-Herstellers, der weltweit nach Vertriebspartnern sucht und ein interessantes Produktspektrum anbietet. Hierzu gehört u.a. fallweise der siebte Freiheitsgrad sowie ein integriertes, mit 1,3 Mio. Pixel aber eher schwaches Vision-System. Die Börsenkapitalisierung von über 2 Mrd. Euro zeigt, dass das Unternehmen das Startup-Niveau längst verlassen hat.

Modell	XCR20-1100	SRC 5	GCR-1100
Arme	1	1	1
Achsen	6	7	6
Reichweite mm	1.100	800	1.100
Traglast kg	20	5	20
Eigengewicht kg	50	33,8	50
Wiederholgenauigkeit mm	0,1	0,02	0,05
Temperatur Grad C	0-45	0-45	0-45
IP	54	54	54

Besonders interessant: Es gibt autonom fahrende Untersetzer, so dass Siasun hybride Cobots (Greifen & Fahren) anbietet. Es wurde bewußt kein „Cobot-Video" verlinkt, sondern eines, dass die Kooperation mit BASF darstellt. Sollte Siasun einmal den deutschen Markt betreten, dürfte das Unternehmen eine starke Konkurrenz zu den etablierten Marktteilnehmern sein.

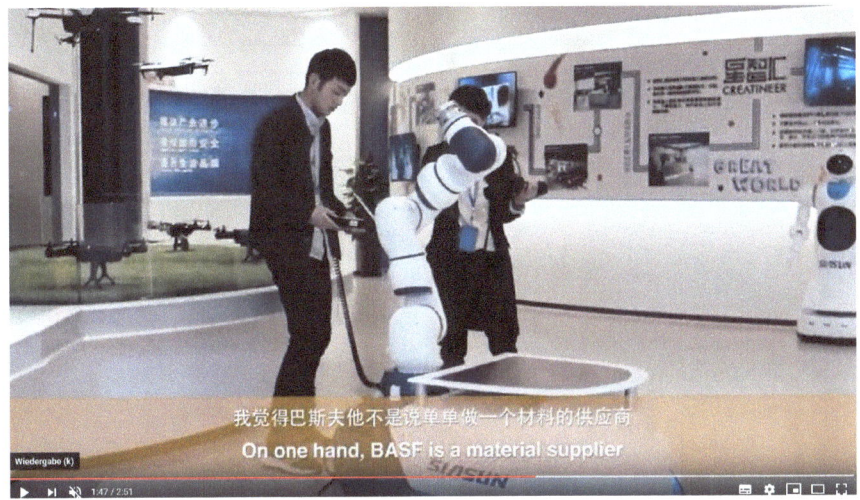

https://youtu.be/Gf0CDqb7CPo

(Quelle: YouTube, MassDevice)

Mit der Fertigstellung des im Sommer 2019 begonnenen Baus eines Forschungs- und Entwicklungszentrums in Magdeburg dürften auch die europäischen Zertifizierungen vorliegen, so dass spätestens dann mit einem Eintritt Siasuns in den deutschen Markt zu rechnen ist.

Stäubli

Die beiden Roboter von Stäubli gehören sicherlich zu qualitativ besten, die angeboten werden. Das massive Layout der Cobots relativiert sich, bedenkt man die unter bestimmten Bedingungen jeweils fast doppelt so hohe Tragkraft (9 bzw. 5 kg.). Zudem können die Roboter auch an der Wand oder Decke befestigt werden. Nach Kenntnis des Verfassers sind die beiden MRK ehr wie Industrieroboter zu programmieren, also für die Zielgruppe hier weniger geeignet. Zudem erreichen sie die Sensitivität der Cobots nur mittels Ummantelung. Dafür sind sie ggfs. schnell, robust und lt. Stäubli besonders sicher..

Modell	**TX2-60**	**TX2-60**
Arme	1	1
Achsen	6	6
Reichweite mm	670	920
Traglast kg	4,5	3,7
Eigengewicht kg	51,4	52,5
Wiederholgenauigkeit mm	0,1	0,1
Temperatur Grad C	5-40	5-40
IP	65/67	65/67

Die Schutzklassen sind a.o. hoch. Wie im Video sichtbar, ist auch ein mobiler Untersatz erhältlich.

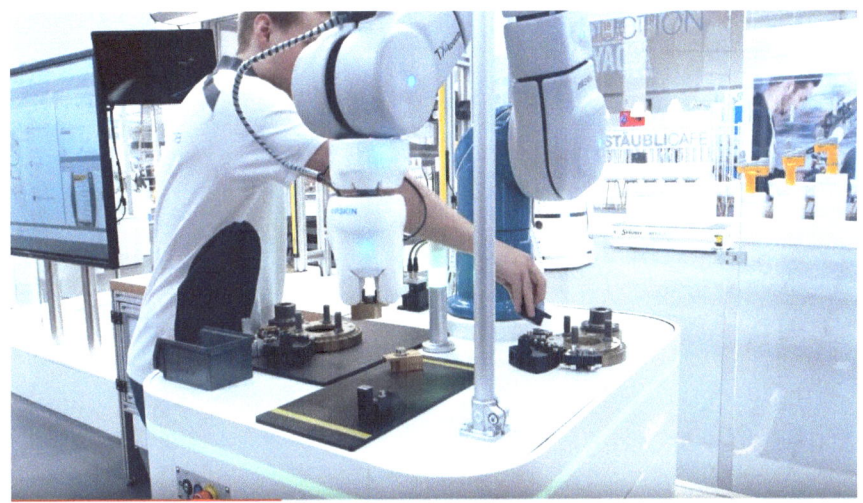

https://youtu.be/MD96ZnbwSh0

(Quelle: YouTube, RoboticsStaubli)

Für den Preis von fast 40.000 € bedarf es entsprechend anspruchsvoller Arbeiten. Vermutlich trumpfen mit ihrer Geschwindigkeit, die sie aber nur ausleben können, wenn sie eben nicht kollaborativ arbeiten.

Universal Robots

Der weltgrößte Cobot-Hersteller schien seit 2017 technologisch ein wenig unter Druck geraten zu sein. Seine drei Modelle hatten sich zwar bewährt, gelten als sehr robust und auch relativ einfach zu programmieren, die neuen MRK der Wettbewerber waren zum Teil aber noch einfacher zu handhaben und verfügen zudem über Apps (z.B. Franka Panda). Auf der Automatica 2018 gelang Universal Robots aber einen Befreiungsschlag. Die bestehenden Roboter werden nun als „e-Serie" angeboten. Laut Werbung soll bereits nach einer Stunde die erste eigene Programmierung betriebsbereit sein. Hierbei helfen 14 fertige Apps. Angeblich hätte es bereits eine Amortisation nach nur 34 Tagen gegeben (4-Schichtbetrieb?). Hierzu sollen das Teach Panel wie auch die neue intuitive Benutzeroberfläche beitragen.

Neben einem Kraft-Momenten-Sensor, der für mehr Feinfühligkeit und damit ein größeres Einsatzspektrum sorgt, stehen die bereits erwähnte schnellere und einfachere Umsetzung von Robotik-Applikationen sowie Verbesserungen bei der Arbeitssicherheit (17 Sicherheitsfunktionen wie programmierbarer Nachlaufzeit oder Bremsweg sind neu, bislang gab es 15 Funktionen) im Vordergrund. Die e-Variante kann zudem mehr Daten verarbeiten, was insbesondere für Steuerungen aufgrund optischer Informationen hilfreich ist.

Die Preise der bisherigen Modelle liegen zwischen 15.000 € (UR3) und etwa 30.000 € (UR 10).

https://youtu.be/gkm_uMQ8NbM?t=10s

(Quelle: YouTube, Advanced Motion Systems, Inc.)

Im September wurde das bisherige Trio um den UR16e erweitert. Bei einer Reichweite von 90 cm kann er beachtliche 16 kg heben und somit mit vergleichbaren Robotern der Marken Doosan, Kassow oder Omron konkurrieren. Gerade im Bereich der Verpackung und CNC dürfte der UR16e punkten. Sein Stromverbrauch liegt mit 350 kw spürbar über dem seines kleines Bruders, dem UR3e, der mit 125 kw auskommt.

Modell	UR3e	UR5e	UR10e	UR16e
Arme	1	1	1	1
Achsen	6	6	6	6
Reichweite mm	500	850	1.300	900
Traglast kg	3	5	10	16
Eigengewicht kg	11	18,4	28,9	33,5
Wiederholg. mm	0,1	0,1	0,1	0,1
Temperatur Grad C	0-50	0-50	0-50	0-50
IP	54	54	54	54

Universal Robots vertragen als Vertreter der IP-Klasse 54 insbesondere auch ungünstige Bedingungen wie hohe Luftfeuchtigkeit oder ölhaltige Luft. Aus diesem Grund beschicken sie beispielsweise häufig Bearbeitungszentren. Zudem werden neue Greifer von Drittanbietern i.d.R. zunächst oder ausschließlich UR-konform angeboten. Mit Installationen in fast 40.000 Produktionsumgebungen hat UR die größte Erfahrung aller Anbieter.

Die im Internet einsehbare „Universal Robots Plus" umfaßt interessantes Zubehör ganz unterschiedlicher Art und verschiedenster Hersteller, das sämtlich von UR auf Kompatibilität mit den Cobots zertifiziert wurde.

Zudem gibt es zahlreiche Komplett-Lösungen (z.B. Schweißstände oder Maschinen-Bestückungen), die mit einem Roboter von Universal Robots arbeiten. Vereinfacht ausgedrückt sind Dritt-Anbieterprodukte stets zuerst UR-kompatibel.

Abzuwarten bleibt, ob die mobilen Roboter von MIR, einer Schwestergesellschaft (beide wurden von Terradyne gekauft), mit den Cobots von UR derart verheiratet werden, dass die Roboter von MIR-Robotern gefahren und mit Strom versorgt werden und beide Roboter gemeinsam gesteuert werden. Dann wäre UR neben Omron und Siasun der dritte Anbieter von Hybrid-Robotern, also von Roboter, die sowohl fahren wie auch handanlegen können. Im Bereich der Hybriden-Roboter gibt es zudem von Integratoren gebaute Verschmelzungen, wie z.B. Kassow mit MIR oder Hanwha/MIR.

University of Berkeley

Obwohl aktuell nur vorgestellt und richtig lieferbar erst in 2020 (Vorabbestellungen sind zu einem höheren Preis heute schon möglich) und obwohl das Ganze vermutlich in einem Spin-Off landen wird (so wie Franka Emika oder Yuanda), wird „Blue" bereits vorgestellt. Denn bei „Blue" handelt es sich um einen der seltenen 2-Arm-Roboter, noch dazu zu einem prognostizierten „Kampfpreis" um etwa 5.000 €. Seine 7 Freiheitsgrade sowie die integrierte KI zeigen, was für wenig Geld bereits möglich ist. Derzeit wird er als „Haushaltsroboter" beworben, vielleicht weil er die hohe industrielle Belastung dann noch nicht aushalten würde.

Immerhin, die Reichweite von 70 cm bei einer Traglast von 2 bzw. 4 kg (je nachdem ob nur ein Arm oder beide genutzt werden) und das geringe Eigengewicht von nur 8,7 kg lassen ihn hoch interessant erscheinen. Generell denkt der Autor, dass es gerade im Bereich der 2-Arm-Roboter noch großes Marktpotential gibt. Sei es zum Konfektionieren (Kabel) oder für simple händische Tätigkeiten bis hin zum Krabbenpulen (die deutschen Garnelen werden noch immer mittels LKW nach Marokko gefahren und dort von bis zu 4.000 Frauen gepult).

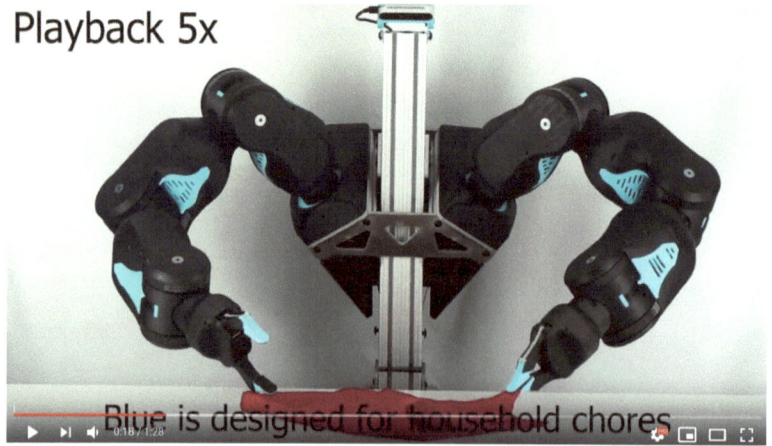

https://youtu.be/KZ88hPgrZzs

(Quelle: YouTube, UC Berkeley)

Ich kann mir Blue auch gut als Küchenhilfe vorstellen.

Yaskawa (Motoman)

Der japanische Konzern Yaskawa ist in Deutschland unter Motoman bekannt. Ohne Zweifel zählt Yaskawa zu den Premium-Anbietern. Seine beiden sich stark ähnelnden Roboter sind vielseitig einsetzbar (Decke, Wand), doch erscheint der Preis von rund 40.000 € für die Zielgruppe des Buches recht hoch. Interessenten sollten prüfen, ob die Schutzklasse ausreicht.

Der HC 20 DT wird auf der Automatica 2020 vorgestellt. Sein Preis ist noch nicht bekannt.

Modell	HC 10DT	HC 10	HC 20 DT
Arme	1	1	1
Achsen	6	6	6
Reichweite mm	1.200	1.200	1.700
Traglast kg	9,0	10,0	20,0
Traglast nach Hände kg			
Eigengewicht kg	48,0	48,0	n.n.
Wiederholgenauigkeit mm	0,10	0,10	n.n.
Temperatur Grad C	0-55	0-55	n.n.
IP	20	20	67

Neben den Cobots bietet das Unternehmen sehr interessante, da sehr schnelle Leichtbauroboter an.

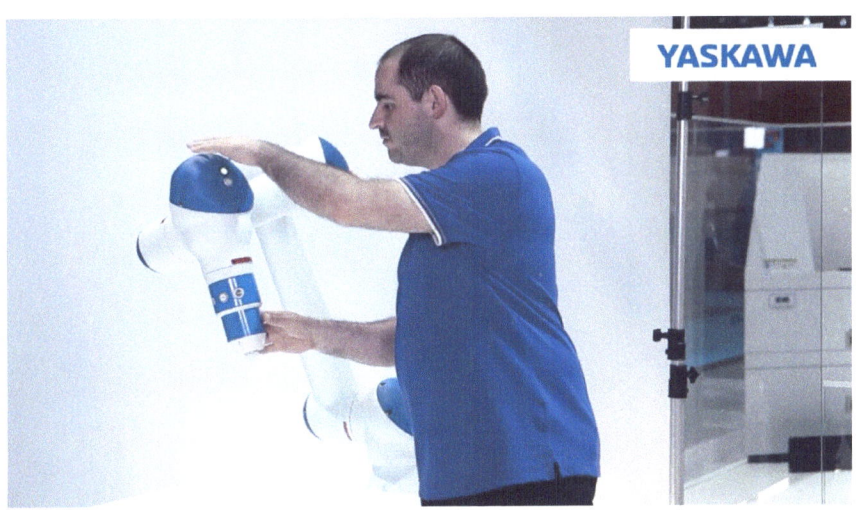

https://youtu.be/YGjRIEQ1xoM

(Quelle: YouTube, Yaskawa Europa GmbH)

Bei der Modellvariante DT (Direct Teach) kann der Roboter direkt am Arm mittels Drücken der passenden Knöpfe angelernt werden.

Mitte 2019 hat das französische Unternehmen E-Cobot einen Yaskawa auf seinen mobilen Roboter „Husky" integriert. Dazu bietet Yaskawa auch Integrationen auf Grenzebach-Basis an.

Yuanda

Yuanda ist ein Startup mit Sitz in Hannover, hervorgegangen aus dem dortigen Lehrstuhl für Mechatronik. Hauptgesellschafter ist mit 70% die chinesische Shenyang Yuanda Aluminium Group. Somit stellt sich die Frage, ob der Hauptgesellschafter primär den chinesischen Massenmarkt bedienen will oder auch bereit ist die zu erwartenden höheren Verluste einer ernsthaften Markteinführung in Deutschland zu tragen. Bei laufenden Kapitalerhöhungen müßten die deutschen Mitgesellschafter (primär die Geschäftsführung) mitziehen oder ihr Anteil würde sich verwässern.

Dass der Roboter binnen eines Jahres von lediglich 20 Personen marktreif entwickelt wurde, zeigt die niedrige Eintrittsbarriere in den Markt, sofern Know-how vorhanden ist. Der Yuanda dürfte zu den technisch interessanteren Robotern gehören und wird primär in China gebaut werden. Die ursprünglich für 2019 angekündigte Markteinführung wird nun im Frühjahr 2020 erwartet. Ein zweites Modell wurde bereits angekündigt.

Das Besondere an den Yuanda-Robotern wird ihre Modularität sein. Auf dem Foto ist erkennbar, dass die zu berührenden Flächen grün hervorgehoben worden sind. Jeder Roboter hat eine Kamera integriert und die Software ist hierauf (Objekterkennung, Greifsteuerung) abgestimmt. Interessant ist der Ansatz mittels weiterer integrierter Kameras die Umgebung zu kontrollieren (Stichwort Arbeitssicherheit etc.).

Modell	M 6
Arme	1
Achsen	6
Reichweite mm	1.000
Traglast kg	7
Wiederholgenauigkeit mm	0,1
Temperatur Grad C	0-50
IP	54

https://youtu.be/izYHHmAcRyY

(Quelle: YouTube, Kollmorgen)

Für das Teaching soll in Zukunft eine Microsoft Hololens verwendet werden können. D.h. der „Programmierer" kann durch Gesten den Roboter anlernen ohne ihn Berühren zu müssen, was das Anlernen weiter erleichtert. Die Hololens kostet heute allerdings noch etwa 5.000 €.

Bei einer Veranstaltung des VR Business Clubs hat der Autor die Hololens ausprobieren können und wurde von ihrem Nutzen überzeugt. Dieses Videos (ein kleiner Exkurs) zeigt die Möglichkeiten der Hololens, z.B. Fernwartung (geringer qualifizierter Kollege, z.B. in Übersee, wird von der Zentrale angeleitet). Auf dem Foto (Video) ist zu sehen, wie die Hololens die Perspektive des externen Kollegen aufnimmt. Der Experte in der Zentrale sieht so alles und kann die relevanten Stellen markieren und via includierten Telefon dem externen Kollegen Hinweise geben.

https://youtu.be/UpmolMrf5HQ

(Quelle: YouTube, Microsoft HoloLens)

Sonstige Hersteller

Neben den aufgeführten Herstellern gibt es weitere, deren Roboter bei uns noch nicht zu kaufen gibt bzw. die überhaupt nicht passend erscheinen. Möglicherweise in absehbarer Zeit auch in DACH verfügbar könnte der BRABO des auch bei uns bekannten indischen Konzerns Tata Motors sein.

Für Wagemutige, die nicht unbedingt auf den Marktführer setzen wollen: Die chinesische Internet-Plattform Alibaba hat Ende 2018 den Bau eines Logistik-Zentrums in Lüttich mit einer Fläche von 220.000 qm bekanntgegeben. Weitere Zentren sollen folgen und so der europäische Markt erschlossen werden. Produkte aus China sollen dann binnen drei Tagen ihren europäischen Kunden erreichen. Dies ist hier insofern interessant, wie Alibaba auf seiner chinesischen Website zahlreiche Roboter anbietet und anzunehmen ist, dass diese Cobots dann auch problemlos und schnell bei uns verfügbar sein werden – parallel zu den bereits vorhandenen Distributoren.

In Summe soll es übrigens 140 verschiedene Modelle geben. Zuvor vorgestellt wurden rund 80 Modelle.

Zubehör

Für viele Anwendungen reicht ein Roboter, wie er geliefert wird, nicht aus. Es fängt i.d.R. bereits bei der Halterung für den Roboter an. Er sollte, insbesondere wenn er viel heben kann und eine größere Reichweite hat oder sich schneller bewegt, auf einem sehr stabilen und fest montierten Sockel fixiert sein.

Greifer

Die Hand des Roboters ist naturgemäß entscheidend für den Erfolg. Der zu hebende Gegenstand darf weder verlorengehen oder sich „verheddern". Die Auswahl an passenden Greifern wird immer größer und mittlerweile gibt es sogar Greifer, die der menschlichen Hand nachempfunden sind – allerdings noch rund 5.000 € kosten.

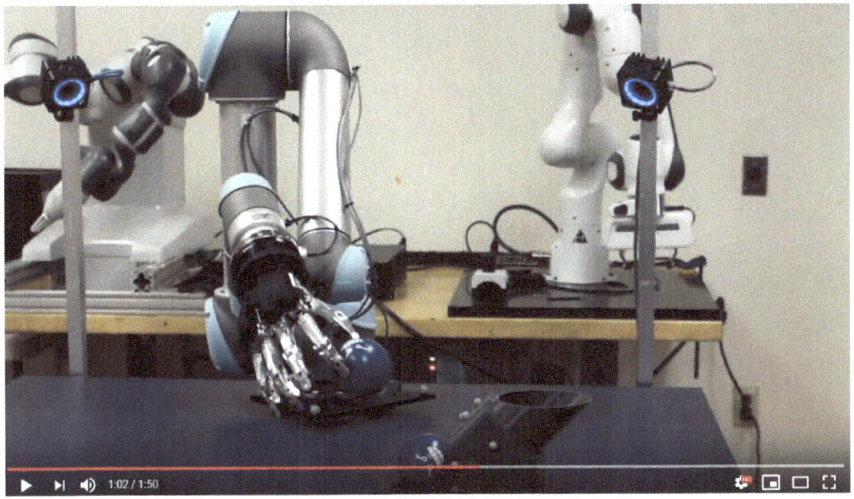

https://youtu.be/tGn9gpmPrms

(Quelle: You Tube, Energid Technologies)

Für spezielle Anwendungen sind besonders sensitive Greifer ein Muss, da sie flexibler reagieren und aufhören sich zuzuziehen bevor sie etwas zerstören (. Greifer können nicht nur fassen, sondern können auch saugen (z.B. um Platten zu heben oder bei Pick and Place-Anwendungen die unterschiedlichsten Geometrien zu handhaben) oder magnetisch sein. Wenn ein Greifer sich nicht bewegen muß (öffnen-schließen) kann auch ein selbst konstruierter Greifer aus dem 3D-Drucker eine ideale Lösung sein, die allerdings nicht sensitiv sein kann. Das Video zeigt zu Beginn, wie solch ein Greifer gedruckt wird. Mit diesem Greifer kann nachher eine Flasche Bier geöffnet werden und der „Greifer" kann zugleich eine Bierflasche und ein Glas heben und so das Bier in das Glas einschenken. Eine pfiffige Idee, auf die man erstmal kommen muß:

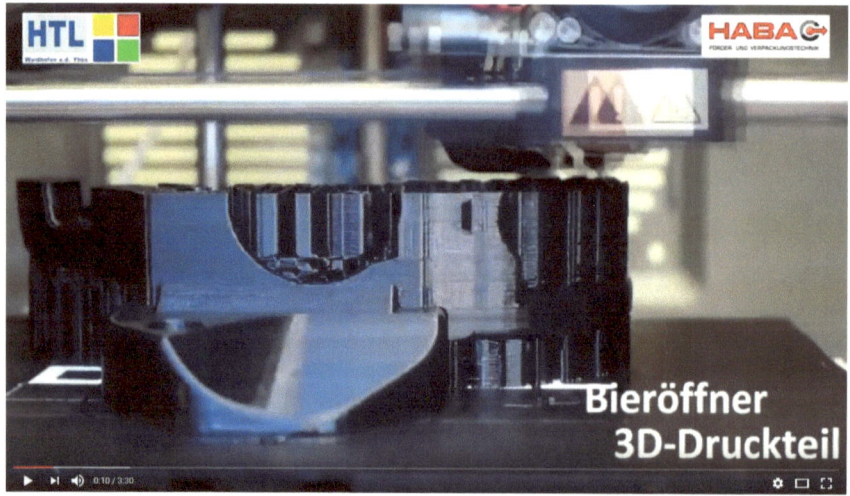

https://youtu.be/BzW0b3CQh6Q

(Quelle: YouTube, haba verpackung)

Greifer werden sowohl von den MRK-Herstellern in zahlreichen Varianten angeboten wie auch von speziellen Ausrüstern. Zu nennen sind hier vor allem der deutsche Weltmarktführer Schunk wie die dänische Firma OnRobot, Robotiq aus Kanada oder den deutschen Firmen Weiss, Zimmer (unterstützt vor allem Universal Robotics und Yaskawa) oder Schmalz. Bei Robotiq kann beispielsweise an das „Gelenk" des Roboters noch eine Handkamera zwischenmontiert werden.

Schunk hat auf seiner Website umfangreiche Darstellungen sowohl von Standardprodukten wie von kundenspezifischen Lösungen. Schunk hat

2017 den renomierten Hermes-Award, einen der weltweit führenden Technologie-Preise, erhalten. Um zu sehen, was ein scheinbar simpler „Auf-und-zu-Greifer" alles kann, am besten nach dem „Schunk JL1" suchen. Die Schunk-MRK-Greifer sind im Sinne der Arbeitssicherheit u.a. mit einer Umfeldsensorik und Kollisionsschutz ausgestattet. Schunk bietet seit kurzem seine MRK-Greifer unter dem neuen Markennamen „Co-act" an. Spitzenprodukt ist hier ein für MRK gedachter Großhubgreifer, der über eine frei definierbare Maximalkraft von bis zu 450 N verfügt und bis zu 8 kg heben kann.

Der Greifer-Hersteller Weiss Robotics hat besonders sensitive, aber auch extrem schnelle Greifer in seinem Programm. Greifzyklen von bis zu 500 Stück/ Minute sind machbar. Die Greifkraft kann sicher und einfach begrenzt werden. Ein Modell verfügt über eine sensorlose Greifkraftregelung, so dass auch spröde, zerbrechliche oder nachgiebige Teile problemlos bewegt werden können. Von Weiss ebenfalls entwickelt wurde die „Permagrip-Technologie", die das Werkestück auch bei einer Strom-Unterbrechung weiter hält.

Das ebenfalls deutsche Unternehmen Schmalz hat sich auf Vakuumgreifer spezialisiert. Diese können auch Tabletten greifen oder dass deren Ablagerungen den Greifer „zu staubt".

OnRobot hat derzeit noch eine geringere Auswahl, dafür aber Greifer, die so feinfühlig sind, dass sie problemlos beim kleinsten Widerstand aufhören sich weiter zu schließen. Bis Ende 2020 will das Startup einige Dutzend neue Greifer platziert haben. Zu den Highlights des Unternehmens gehört ein Vakuumgreifer, der ohne Druckluft bis zu 10 kg heben kann.

Die US-Firma Soft Robotics setzt anstelle von Greifzangen auf individuell ansteuerbare weiche Elemente, die einem Blasebalg ändern um das Teil richtig greifen zu können.

Gerade im Bereich der Vakuum-Greifer, die etwas mittels Saugen anheben, können Speziallösungen je nach Form und Gewichtsverteilung des zu hebenden Teils sinnvoll sein. Bei der Wahl des Greifers sind stets seine Nutzlast, die Breithuboptionen (Spreizung), seine Schließgeschwindigkeit und sein Gewicht zu berücksichtigen. Dieses reduziert die Traglast des Roboterarms. Im Hinblick auf die potentielle Berührungs- und damit auch Verletzungsgefahr kann die Auswahl von abgerundeten Greifern empfehlenswert sein. Sind verschiedene Teile mit unterschiedlichen Dimensionen zu handhaben, kann ein Doppelgreifer eine Lösung sein.

Einfache Greifer gibt es übrigens schon ab 40 € im Online-Shop, doch sind diese nur für den Einsatz isoliert vom Menschen gedacht. Teurer sind naturgemäß Plug & Play-Greifer. Plug & Play-Greifer sind nicht zu jedem Roboter-Hersteller kompatibel. Universal Robots ist hier als Marktführer begünstigt.

Hier hebt ein passenderweise „Gecko" getaufter und preisgekrönter Greifer von OnRobot eine Glasplatte hoch. Im Gegensatz zu den typischen Vakuum-Greifern können auch Materialien mit Löchern (dort ist kein Vakuum gegeben) oder porösen Teilen gehoben werden. Es wird keine Druckluft benötigt, so dass der Betrieb einfacher ist und keine Zuleitungen notwendig sind. Die benötigte Kraft wird von „Gecko" selber ermittelt und angefordert:

https://youtu.be/MXO_PqSvtTU

(Quelle: YouTube, OnRobot)

Vakuum-Greifer benötigen anders als der Grecko Druckluft, insbesondere wenn sie schwere Platten etc. heben müssen. Zudem können sie auch flexible Beutel heben. Die Firma Piab hat Sauger entwickelt, die individuell, d.h. passend befestigt werden können:

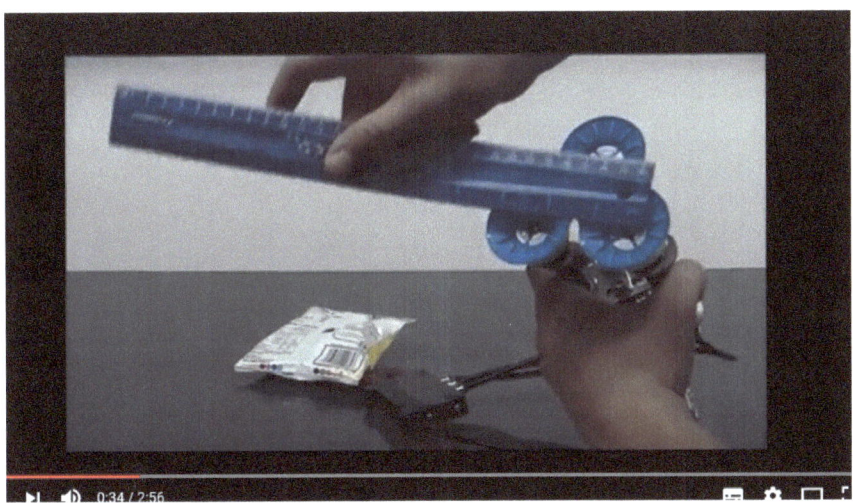

https://youtu.be/S-6MySRnoqY

(Quelle: YouTube, PIAB Vacuum Technique)

Größere Platten können mit Greifern gehoben werden, die weit voneinander entfernt positioniert sind.

Eine Mischung aus Finger-Greifer und Sauger bietet das amerikanische Startup RightHand Robotics an. Dieses erhielt im Dezember im Rahmen einer weiteren Finanzierungsrunde 21 Mio. US-Dollar (zufällig so viel, wie auch Robotiq erhielt) und will nun insbesondere e-Commerce-Händler ansprechen. Das bereits funktionierende Konzept ist ebenso einfach wie überzeugend: Sind Artikel in einem Karton eng nebeneinander „gestopft", hat selbst die menschliche Hand Probleme bei der Herausnahme eines Artikels. Denn zwischen den einzelnen Artikel ist kein Platz für unsere Finger damit sie greifen können. RigthHand Robotics hat daher in der Mitte des Greifers einen Sauger integriert. Dank optischer Erkennung und Künstlicher Intelligenz kann er die Situation erkennen und analysieren. Typischerweise saugt der Greifer den Artikel zunächst so hoch, bis seine drei

Finger ihn greifen können. Problem gelöst! (Es können Artikel fast jeglicher Form gehandhabt werden.)

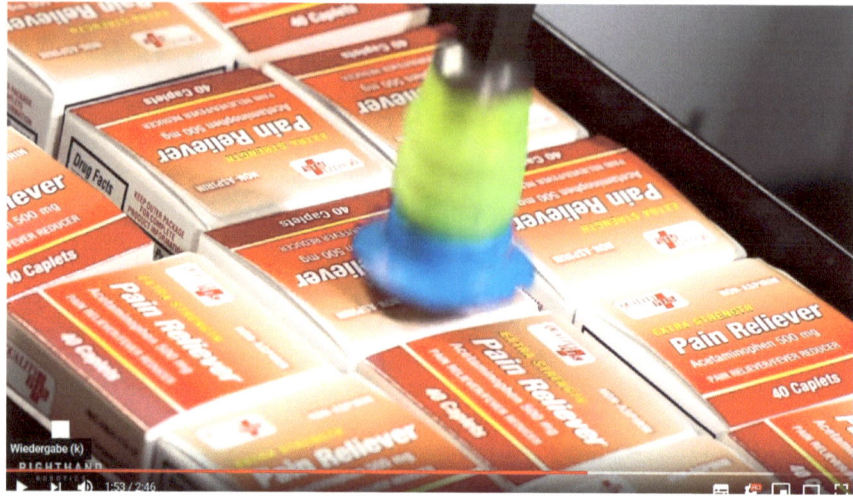

https://youtu.be/jjubkPajDTU

(Quelle: YouTube, RightHand Robotics)

Wer einmal schlechte Erfahrungen gemacht hat, diese gelten heute nicht mehr zwingend. Konkret war der Verfasser als Berater bei einem Projekt involviert, bei dem Kekse angesaugt werden müssen. Der Produktionsleiter war mehr als skeptisch, da die Lösung, die er vor Jahren kennengelernt hatte, schnell durch Krümmel versaut war, so dass kein Saugen mehr möglich war. Doch auch hierfür fanden wir eine Lösung.

Am fehlenden passenden Greifer dürfte wohl kein Roboterprojekt scheitern!

Die Eigenschaften des Greifers stellen bei der Auswahl des Greifers die Grundvoraussetzung dar, quasi die „Pflicht". Wichtig ist auch die „Kür", hier die Möglichkeit der Programmierung. Besonders komfortabel sind Plug & Play-Endeffektoren.

Wichtig ist auch zu wissen, wie der Greifer bei einem „Not aus" oder Stromausfall reagiert. Läßt er los (Arbeitssicherheit!) oder ist er abgesichert. Der Magnet-Greifer von Zimmer hat beispielsweise einen federgesicherten Magneten, der das Werkstück bei Druckabfall weiter hält. Klar, diese Sicherheit und der Komfort der schnellen Programmierung kosten Geld. So können aus den erwähnten Billigst-Angeboten von 40 Euro auch schnell 4.000 Euro werden. Andererseits garantieren Premium-Anbieter wie Weiss Robotics 20 Mio. Greif-Zyklen. D.h. 50 Zyklen kosten dann nur 1 Cent.

Werkzeuge

Anstelle der klassischen Greifer bieten erste Firmen Werkzeuge an, die direkt am Roboter-Arm angeschlossen werden können und somit dessen Einsatzmöglichkeiten nochmals erhöhen. Das von Weber Schraubautomaten vorgestellte MRK-Schraubsystem schraubt selbständig Schrauben mit einer Schraubenkopfgröße von 4 bis 14 mm mit einem Drehmoment von 1 bis 10 und einer Drehzahl von 485-800 Umdrehungen/ Minute (je nach Drehmoment). Das System gibt es in zwei Ausführungen: Einer ohne eigenes Schutzkonzept und somit zur Integration in Anlagen mit bereits bestehendem Schutzkonzept („SEV-L") und einem sensitiven System mit eigenem Schutzkonzept („SEV-C"). Mit einem Gewicht von unter 5 kg kann das Werkzeug auch von MRK mit einer mittleren Traglast geführt werden.

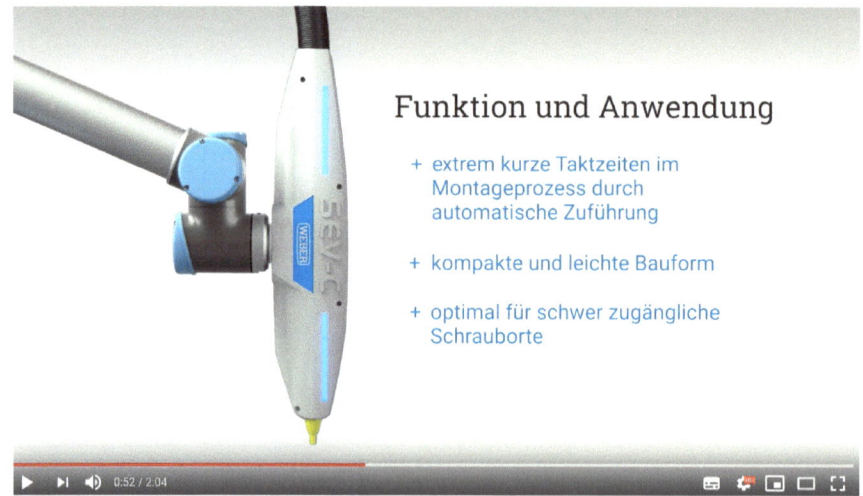

https://youtu.be/gtpiOtxmO54

(Quelle: YouTube, WEBER Schraubautomaten)

Stärkere und damit auch schwerere Schraubautomaten bietet die Firma Stöger Automation an.

Die Entwicklung weiterer Werkzeuge für unterschiedlichste Einsätze ist zu erwarten. Die potentiellen Hersteller kommen aus MRK-fernen Branchen und müssen sich des MRK-Potentials vielleicht erstmal bewußt werden.

Optik

Die Zeit, in der optische Lösungen sehr teuer waren, ist vorbei. Heute gibt es Standardlösungen – entweder als Bestandteil des Cobots (z.B. Omron, Denso, Yuanda oder Rethink Robotics), als Zubehör zum Greifer oder als Plug-and-Play-Zubehör von Optik-Spezialisten.

Im Wesentlichen sind folgende Aufgaben zu unterstützen:

- Objekterkennung (incl. Vollständigkeitskontrolle – sind es 10 Teile?, lagerichtige Justierung etc.)
- Messen (Qualitätssicherung)
- Farben- und Kontraste erkennen
- Identifizieren (Code-Erkennung, denn eine Objekterkennung erkennt zwar den Gegenstand, doch was ist, wenn dieser immer wieder produziert und i.S. der Rückverfolgung wieder erkannt werden soll?)
- Positionieren
- Oberflächenkontrolle (Qualitätssicherung, gibt es eine Delamination etc.?)

Das Video des Münchner Startups Roboception zeigt, wie einfach Objekterkennung funktionieren kann.

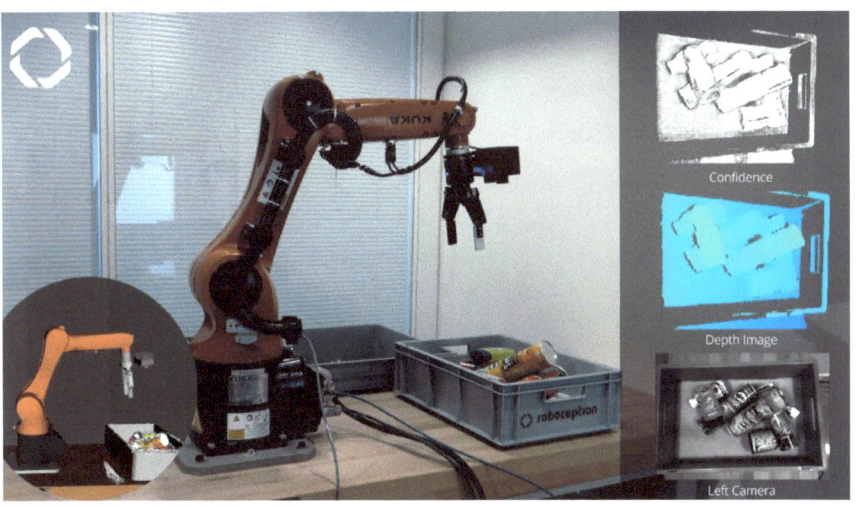

https://youtu.be/-IeZbn1aA8Q

(Quelle: YouTube, Roboception)

Sehr interessant erscheint die Möglichkeit der automatischen Qualitätskontrolle mittels eines Laserscanns durch Robotiq. Der Video-Ausschnitt links zeigt den Greifer, der Ausschnitt rechts die Messergebnisse, wie sie am Bildschirm erscheinen:

https://youtu.be/38EImpYb1Dw

(Quelle: YouTube, Robotiq)

Um zu zeigen, dass die Software von Laien angelernt werden kann, ein Video von SensoPart (der Mitarbeiter hält in der Hand wiederum das Teach-Panel von Universal Robots):

Die Messspitze wird an den Greifpunkt des Bauteils gefahren. Die Position kann gespeichert werden, nachdem der Roboter an den Wegpunkt gebracht wurde.

https://youtu.be/wRkVEGGq6iY

(Quelle: YouTube, SensoPart Industriesensorik GmbH)

Wichtig ist zu wissen, dass „Optik" ein weiter Begriff ist. Neben der vom Fotografieren bekannten Optik, die das Gesehene real abbildet, kann der Einsatz von Thermografie (Wärmebild), Ultraschall, Laser und anderem sinnvoll sein. BMW setzt beispielsweise zur Analyse seiner Prototypen seit kurzem Röntgen ein. Zwar ohne Bezug zu Roboter, aber dieses Beispiel zeigt das weite Spektrum der Möglichkeiten. Letztlich ist fast alles möglich. Für viele Branchen und Anwendungsfälle gibt es Speziallösungen, die hier nicht einzeln vorgestellt werden. Für den Werkstoff Carbon (CFK) bietet beispielsweise VisCheck eine optische Messung der Verarbeitungsqualität, die die individuellen Parameter des Kunden berücksichtigen kann.

Der Verfasser selber ist derzeit an einem Projekt beteiligt, bei dem die Optik im Bereich der Oberflächen-Analyse durch Körperschall-Wellen ergänzt wird (es geht um 0,0x µm). Bei einer umfangreichen Neuanschaffung stellten sich somit mehrere Fragen. Kann ein Roboter eingesetzt werden und wenn ja in Kombination mit welcher Technik.

Für den klassischen Mittelständler, der in die Thematik einsteigt, dürfte aber eine Plug & Play-Lösung ausreichend sein. Die Individuallösung sollte er sich für den nächsten Schritt vorbehalten oder aber Unternehmen, die mit einer Entwicklung mächtig skalieren können.

Mobilitätshilfen

Für Einsteiger in die Robotik eigentlich kein Thema, da mit Zusatzkosten verbunden, die für das „Hineinschnuppern" in die Thematik eigentlich zu hoch sind. Aber dennoch, wer sich bewegliche Roboter vorstellen kann – sei es auf Wagen oder Schienen – sollte sich vorab überlegen, ob der Roboter auch während der Bewegung arbeiten soll. Dies kann nämlich nicht jeder. Für ein KMU kann es sinnig sein, den Roboter auf einen fahrbaren Ständer zu montieren um ihn so leicht zur Seite zu schaffen, wenn sein Einsatz beispielsweise nur in der Nacht vorgesehen ist. Derartige stabile Wägen gibt es für etwa 3.000 €:

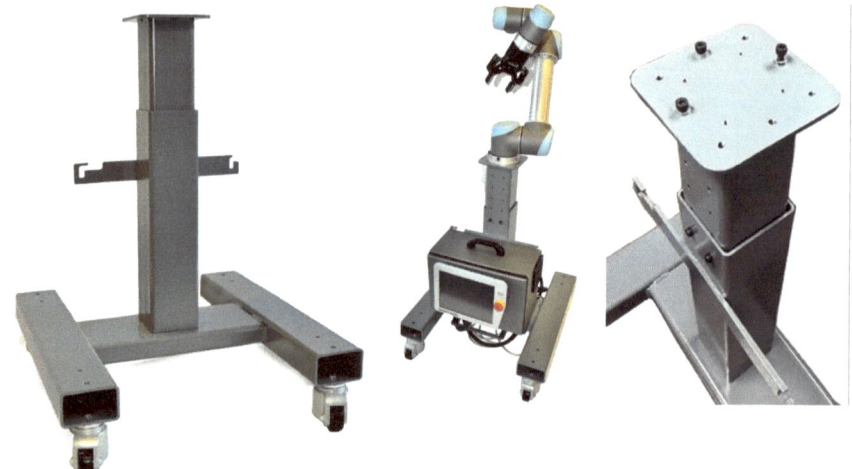

https://store.msitec.com/category-s/368.htm

(Quelle: MIS Tec)

Eine größere Auswahl ist in Deutschland unter der Bezeichnung „Bereitstellungssysteme" bei FAUDE erhältlich. Einzelne Systeme sind kompatibel zu den mobilen Robotern und können von diesen samt Cobot angehoben und an einen neuen Einsatzort gebracht werden.

Soll die Reichweite des Cobots vergrößert werden oder ein MRK gleich zwei Arbeitsplätze bedienen, kann eine horizontale Schiene eine preiswerte Option sein – Voraussetzung ist, dass der Roboter dies unterstützt. Dieses Video zeigt den einfachen, aber effektiven Ansatz:

https://youtu.be/FTLza95McMY

(Quelle: YouTube, F&P Personal Robotics)

Neben der horizontalen Bewegung (z.B. mittels Lineareinheit) ist auch eine vertikale Bewegung möglich, was insbesondere beim Palettieren von Vorteil ist. Der Cobot kann so locker auf über 2 m Höhe stapeln. Im Video dargestellt wird der „Lift Kit" von (damals) SKF. Die Firma hat sich zwischenzeitlich in Ewellix umfirmiert. Bei einem Hub von 50 cm kostet „Lift Kit" grob 2.500 €, bei 130 cm sind es grob 4.500 €. Im Gegenzug wird der sonst benötigte Standfuß etc. für den Cobot gespart.

https://youtu.be/VytTqE_ODmg

(Quelle: YouTube, SKF Motion Technologies)

Auch kann es von der Aufgabenstellung von Vorteil sein, autonom fahrende Wagen und Cobot vom gleichen Hersteller zu kaufen. Seit wenigen Monaten gibt es autonom fahrende Lösungen für Omron, Kuka, Yaskawa und vermutlich auch Universal Robots. Das Omron-Gefährt kann 60 kg tragen und ist auch kompatibel zu anderen Cobots (hier im Video ein UR). Die höhere Traglast macht Sinn, da neben dem MRK noch dessen Steuerung und vielleicht Material transportiert werden muß.

Diese auch AGV (Automated Guided Vehicles) oder AMR (Autonomous Mobile Robots) genannten motorisierten Roboter haben im Vergleich zu den klassischen FTS (Fahrerlose Transport-Systeme) den Vorteil, dass sie häufig keine bauliche Veränderung der Halle voraussetzen. Es müssen keine Markierungen oder Drähte angebracht werden. Stattdessen fährt der Roboter die Halle ab oder erhält den Hallenplan eingespielt. Im Gegenzug braucht er keine festen Routen mehr abzufahren, sondern kann flexibel unterschiedliche und immer wieder neue Ziele anfahren – so wie es benötigt wird.

Vergleich mit der vorliegenden Einführung in die Cobot-Welt verfaßt der Autor derzeit ein Buch über Mobile Roboter. Dieses wird im Februar 2020 erscheinen.

https://youtu.be/yHWG8Pcs7aY

(Quelle: You Tube, Axix New York).

Der mobile Omron-Roboter fährt vor seinem erstmaligen Einsatz etwa 1 Stunde durch sein Gebiet um es so kennenzulernen. Hindernisse werden erkannt. Zusammen mit einem Cobot entsteht so ein Hybrid-Cobot. Die Fahrzeit mit einer Aufladung kann etwa 10 Stunden betragen, Aufladezeit etwa 3 Stunden. Der Mobilitätsaufpreis ist mit etwa 35.000 € nicht gering, doch kann so die Produktivität massiv erhöht werden. Ein Cobot kann beispielsweise dann gleich drei statt eine Maschine bedienen oder aber Teile in der mannlosen Schicht wohin fahren und dort ablegen.

Das Navigieren erleichtert Omron durch seine sogenannten Landmarks. Beim Kauf des Cobots erhält der Kunde Landmarks (Foto), die er an relevanten Stellen befestigt.

Jedes Bild fotografiert er einmal mit der am Cobot-Arm integrierten Kamera. So erlernt der Roboter die nächste wichtige Position. Dieser Position kann dann beim Teach-Pannel eine Aufgabe zugewiesen werden.

Alle mobilen Untersetzer haben einen Nachteil: Sie bedingen eine saubere, ebenerdige Umgebung. Raupenfahrzeuge oder mobile Roboter mit größeren Gummi-Reifen gibt es m.E. noch nicht. Dies ist eigentlich schade, da Firmen wie Fendt mit dem „Xaver" bereits über das Grundwissen verfügen. Beim „Xaver" handelt es sich um einen kleinen Saatgut-Roboter. Sein Konzept ist so überzeugend, dass er hier vorgestellt wird:

https://youtu.be/a5_kQScrZew

(Quelle: YouTube, Bayerischer Rundfunk)

Denkbar erscheint dem Autor der gemeinsame Einsatz solcher mobiler Roboter mit Cobots in Gewächshäusern, Halle mit größerer Verschmutzung (Späne), Baustellen oder z.B. als Ernteroboter. Ernte-Cobots gibt es bereits, doch müssen diese auch bewegt werden.

Erhöhung der Traglast

Die Tragkraft der Roboter ist bisweilen nicht ausreichend. Dies gilt insbesondere, wenn der Nutzer pauschal nur 50% der angegebenen Traglast akzeptiert und die übrigen 50% für Greifer und als Puffer für einen häufiger ausgestreckten Arm „reserviert". Eine Lösung bietet hier die Firma Cobot Lift an. Bei Cobot Lift handelt es sich um eine Art festmontierten Kran (baulicher Eingriff!) Der Roboter führt dann nur diesen Arm und stellt seinen Greifer und seine Programmierung zur Verfügung. Auf Cobot Lift lastet aber der Großteil des Gewichtes.

Links im Bild ist der im Boden eingefaßte Mast, der Cobot-Lift hält, rechts oben sein Arm.

https://youtu.be/_Fxa8jCcebo

(Quelle: YouTube, Cobot Lift)

Cobot Lift erhöht so die Traglast eine UR 10 von 10 kg auf stolze 30 kg. Die Folgen sind nicht nur Mehrausgaben, sondern auch eine reduzierte Flexibilität und Fragezeichen bei der Arbeitssicherheit. Denn mit 30 kg dürfte so langsam eine Gewichtskategorie erreicht werden, bei der selbst Sicherheitsschuhe nicht mehr schützen.

Programmierhilfen

Immer mehr Roboter sind sehr einfach zu programmieren. Sei es durch Vormachen oder durch Apps, die einzelne Programmteile enthalten. Genutzt wird hierfür häufig ein mitgeliefertes Tablet. Bei den Billig-Cobots muß auf ein eigenes Tablet zurückgegriffen werden. Die Gefahr etwaiger Kompatibilitätsprobleme ist hier größer. Auf das mit der einfachen Programmierung verbundene Risiko wurde bereits hingewiesen: Mitarbeiter, insbesondere der Nachtschicht, können die Programmierung unter Missachtung der Sicherheitsvorschriften derart ändern, dass das Soll schneller erreicht wird und so eher Feierabend gemacht werden kann.

Wer komplexe Aufgaben zu programmieren hat (z.B. Schweiß-Punkte) oder flexibel sein will, kann sich Helferlein bedienen:

1. Drag&bot

Das Stuttgarter Unternehmen will insbesondere die Programmierung von Industrie-, aber auch von Leichtbaurobotern vereinfachen. Diese Fraunhofer Ausgründung ermöglicht das Programmieren sogar von Industrierobotern auf Anfänger-Niveau. Hierdurch soll die Geschwindigkeit der Inbetriebnahme und die Flexibilität beim Einsatz der Industrieroboter erhöht und vor allem die die Kosten der Programmierung und Inbetriebnahme radikal reduziert werden. Denn diese machen typischerweise 30% der Projektkosten aus. Zur Reduktion dieses enormen Aufwandes setzt das Unternehmen auf eine graphische Oberfläche, die intuitiv bedient werden kann. Integriert in der Software ist eine einheitliche Schnittstelle, so dass die Anwendungen von einem Roboter auf den nächsten – auch dem eines anderen Herstellers – leicht übertragbar sind. Heute nicht unterstützte Roboter-Hersteller werden von drag&bot bei Bedarf berücksichtigt. Als Zusatzmodule werden solche für die Bildverbearbeitung und kraftgeregelte Roboter-Bewegungen angeboten. Natürlich kostet drag&bot Geld. Berechnet wird je Roboter eine Lizenz (grob 10.000 €) – dennoch sollen die bisherigen Kosten der Automatisierung halbiert werden. Die weiteren Vorteile (Skalierbarkeit, Unabhängigkeit) sind hierbei nicht berücksichtigt. Zu den Kunden des Unternehmens zählen nicht nur „unbedarfte" Mittelständler, sondern auch große Industrie-Unternehmen, die eine mehrstellige Anzahl an Robotern in Einsatz haben und denen es schlicht um die Steigerung der Effizenz geht.

2. Wandelbots

Das Unternehmen erregte zum Jahreswechsel 2019/20 damit Aufsehen, dass sein Chef vom Microsoft-CEO eingeladen und um eine Vorführung gebeten wurden. Satya Nadella zog dabei die Wandelbots-Jacke an. Seine Bewegungen wurden auf den in Deutschland stehenden Roboter übertragen. m Gegensatz zu drag&bot und Artiminds (s.u.), will Wandelbots das Ziel der vereinfachten Programmierung mit zusätzlicher Hardware - bestehend aus TracePen, WandelBox, Lighthouse Station und TracePen Tablett bzw. auch einer mit Sensoren ausgestatteten Jacke - erreichen. Der TracePen und die Jacke registrieren dabei jede Bewegung und zeichnen so die Roboterbahn für das Teachen auf. Anschließend kann in der TracePen App die Roboterbahn weiter editiert und verbessert werden. Der Produktlaunch steht an und funktioniert zunächst mit dem KUKA iiwa und den Roboter von Universal Robots. Geplant sind zunächst fünf Anwendungen aus den Kategorien Kleben, Entgraten, Inspizieren, Polieren und Pick and Place. Für 2020 hat sich das Start-up viel vorgenommen: Bis Ende des Jahres sollen die Anwendungen Lackieren, Schleifen und Schweißen möglich sein und weitere Marken wie ABB, Fanuc und Denso und KUKA KR C4 unterstützt werden. Der Preis der Lösung steht aktuell noch nicht fest.

3. ArtiMinds

Artiminds wird auf einem Windows Desktop PC oder Laptop installiert und die Logik des Roboter Programms wird vorab in einer Offline-Simulation oder live am Roboter festgelegt. Ist das Programm fertig, wird Programmcode in der jeweiligen Sprache des Roboters erzeugt und diese auf den Controller übertragen. Dies hat den Vorteil, dass kein zusätzlicher Industrie-PC notwendig ist, schränkt aber die Funktionen, auf die möglichen

Funktionen und Befehle des jeweiligen Robotermodells ein. Die Arti-Minds-Lösung eignet sich besonders für komplexe Lösungen mit Kraftregelung. ArtiMinds bietet außerdem Schnittstellen für zur Bildverarbeitung und Kommunikation mit SPS Systemen an.

4. CENIT

Auf Programme für das Schweißen spezialisiert hat sich die CENIT AG. Bei diesem Ansatz werden quasi die Werkstücke anstelle des Roboter programmiert. Und da die Teile auf Grund von CAD-Programmen bekannt sind, reduziert sich der Aufwand deutlich. Mit den CAD-Informationen wird mittels Schnittstelle der Roboter gefüttert, so dass die Maßarbeit bei der Programmierung und letztlich Redundanz entfällt. Eine typische Anwendung für ist das Schweißen und das Bearbeiten von kleinen Losgrößen. Beim Punktschweißen erfolgt beispielsweise ein Import der Arbeitspunkte und der Prozeßparameter sowie eine Übernahme der An- und Abfahrtstrategien - ähnliches gilt für das Bahnschweißen.

Cloud

Auch in der Robotik beginnt die Cloud an Bedeutung zu gewinnen. Während der MRK-Hersteller Franka Emika seit April 2019 mittels der „FRANKA World" den Austausch von Programmen vergleichbar mit iTunes anbietet, haben mit Amazon, Microsoft und Google gleich drei der fünf großen Software-Firmen für 2019 eine Roboter-Cloud angekündigt. In dieser kann programmiert und simuliert werden. Am weitesten fortgeschritten und bekannt sind die Amazon-Überlegungen. In der Amazon-Cloud AWS kann das Robot Operating System (ROS) um AWS-Diensten verbunden werden. Zu den AWS-Diensten gehören Machine Learning, Überwachungs- und Analysedienste und das Streamen von Daten. Es kann so navigiert und kommuniziert werden. Das Ganze ist auf die Beschleunigung der Prozesse und dem Schonen der Prozesse im eigenem Haus vor Ort ausgelegt.

Wie für alle Cloud-Überlegungen gilt auch hier: Sicherheitsrelevantes oder Geheimes gehört nicht in die Cloud! Zudem sollten die Folgekosten nicht unberücksichtigt bleiben. Werden komplexe Rechenoperationen in die

Cloud verlagert, können – bei intensiver Nutzung – Monatskosten im vier- oder gar fünfstelligen Bereich entstehen.

Schutzummantelungen

In einigen Branchen wie der Fleischverarbeitung ist Hygiene die Grundvoraussetzung. Für diese Fälle gibt es Ummantelungen für Roboter, die gewaschen werden können. Umgekehrt kann es notwendig sein den Roboter zu schützen (starke Staubbelastung, Lackiererei). Passende „Bekleidung" gibt es beispielsweise bei FAUDE unter dem Stichwort „ProSuit".

Ummantelungen können auch der Arbeitssicherheit dienen (s.u.). AirSkin von BlueDanube. Diese Hülle dient nicht zum Schutz des Roboters, sondern zum Schutz des Menschen. Hierfür sind zahlreiche Sensoren eingearbeitet, die beim Auftreffen auf einen Gegenstand (Menschen) den Roboter stoppen. Das System eignet sich auch dazu Industrieroboter halbwegs kollaborativ zu machen. D.h. ein Arbeiten nebeneinander ist mit AirSkin grundsätzlich möglich, nicht aber miteinander. Da nicht jeder MRK über ausreichend Sensoren verfügen muß, kann AirSkin auch für Cobots von Interesse sein. Dies gilt auch für neue Modelle wie die von Universal Robots, da diese im kollaborativen Modus mit AirSkin sich bis zu 800 mm/ sec bewegen dürfen. Im Video ist der AirSkin an einem Stäubli, also keinem richtigen MRK, montiert. Die Reaktionszeit reduziert sich hierdurch auf 9 ms – die Sensoren des Roboters benötigen 40% mehr Zeit.

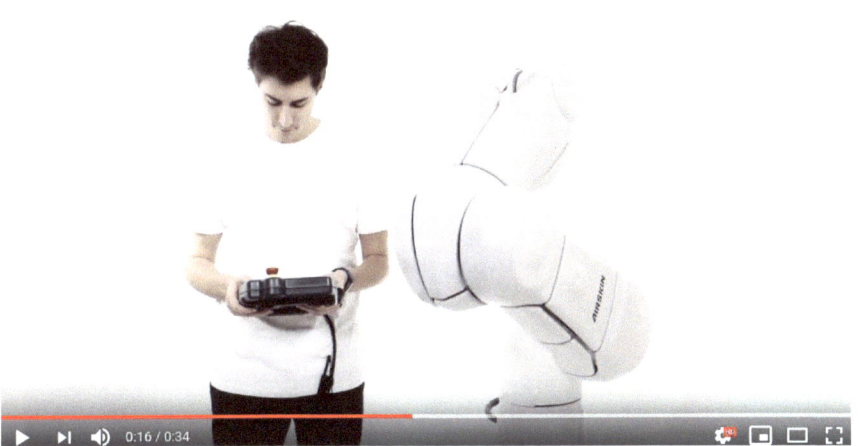

https://youtu.be/AaVpaE-5g-c

(Quelle: YouTube, Blue Danube Robotics GmbH)

Wie schon erwähnt, haust Bosch einen Kuka ein und bietet so einen kollisionssicheren Roboter an. Bosch nimmt die mögliche Kollision bereits vor der ersten Berührung wahr.

Vergleichbar hiermit und damit vermutlich AirSkin überlegen ist Fogale aus Frankreich. Allerdings tritt das Unternehmen nicht sonderlich in Deutschland in Erscheinung.

Arbeitssicherheit

Auch wenn die MRK sensitiv sind, können sie doch Menschen verletzen. Ein sensitiver Arm, der sofort bremst, hilft wenig, wenn beim Erstkontakt das bewegte Werkzeug das menschliche Auge verletzten kann. Sofort bremsen funktioniert auch nur bei langsamerer Geschwindigkeit bzw. an das Gewicht angepaßten Tempo. Die Arbeitssicherheit bestimmt somit maßgeblich die Produktivität des Roboters. Dies gilt umso mehr, wie die Vorschriften bisweilen unverhältnismäßig streng erscheinen. Ein beliebter Vergleich in der Robotik-Szene lautet, dass man am Provinzbahnhof nur durch eine weiße Linie am Bahnsteig vor dem mit 250 km/ h durchrauschenden ICE gewarnt wird (am Bahnhof können sich auch Kinder aufhalten), im Unternehmen aber aller strengste Schutzbestimmungen gelten.

Diese werden grob erläutert, ohne auf die einschlägigen Normen näher einzugehen. Vereinfacht ausgedrückt darf dem Menschen nichts, aber überhaupt nichts passieren. Selbst ein leichter blauer Fleck wird nicht akzeptiert. Entsprechend groß sind die Einschränkungen beim Betrieb: Beim direkten Zusammenspiel Cobot-Mensch, also der Kollaboration, wird als Höchstgeschwindigkeit das Zeitlupen-Tempo von maximal 0,2 m/ sec. angesehen. Dies gilt unabhängig von der Körperregion des Menschen, die getroffen werden könnte. Hier gilt grundsätzlich, dass ab dem Halsbereich (Kehlkopf) aller höchste Vorsicht geboten ist. Diese Aspekte sind wichtig für die zwingend zu erstellende schriftliche Risikobeurteilung. Im Falle eines Unfalles wird nach ihr durch die Berufsgenossenschaft gefragt werden. Aber keine Sorge, es gibt genügend Anwendungsfälle, in denen sich Mensch und Cobot nicht in die Quere kommen.

Gut zu wissen ist übrigens, wie der Cobot im Fall einer unerwarteten Unterbrechung (z.B. Stromausfall) und deren Behebung oder beim plötzlichen Auftreten einer externen Kraft reagiert. Fatal ist, wenn er sich einmal mit Vollgas streckt. Diverse Roboter sind hier geschützt. Vom Franka ist bekannt, dass er nach Bedienen des Not-Aus-Knopfs zur Überprüfung eingesandt werden muß. Dies (muß der Cobot überprüft werden nach einem Nothalt?) könnte auch ein Kauf-Kriterium sein.

Arbeitet er allein, kann er Maximalgeschwindigkeit fahren und z.B. durch Lichtschranken von den menschlichen Kollegen getrennt werden. Für die Koexistenz MRK-Werker haben Firmen wie Sick, Keba, Pilz oder Mayser entsprechende Lösungen entwickelt. Wichtig dabei ist, dass nicht nur der Roboter bewertet wird, sondern sein gesamtes Umfeld. Wenn zuvor geschrieben wurde, dass sich Auszubildende um den Roboter kümmern können, gilt dies nicht für den wichtigen Aspekt der Sicherheit incl. der zwingend vorgeschriebenen CE-Konformität, die dargestellt werden muß. (Der Franka Panda ist von Hause aus CE konform „out-of-the-box". Je nach Zubehör dürfte allerdings eine neue Konformitätserklärung verpflichtend sein.) Die Sicherheit muß der ISO TS 15066 entsprechen. Universal Robots bietet hierzu ein Whitepaper an:

https://www.universal-robots.com/de/suchen/?query=whitepaper#

Der PANDA von Franka hat von Hause aus ein gültiges CE-Zertifikat, so dass er bei Verwendung bestimmter Apps und der eigenen Greifer ohne eine weitere Risikobewertung sofort eingesetzt werden kann. Allerdings wird bei einem etwaigen Unfall dennoch die Frage nach einer situativen Sicherheitsbewertung aufkommen. Hinzu kommt, dass formal so oder so für jeden Arbeitsplatz eine Dokumentation vorliegen muss.

Auf dem Foto des nachfolgenden Videos gibt es eine gelb-markierte Fläche. Betritt ein Werker diese, reduziert der Roboter seine Geschwindigkeit. Wird sodann auch noch die rote Fläche betreten, hört er ganz auf. Verläßt der Mitarbeiter die Flächen, geht´s automatisch weiter. Das ideale

System integriert somit Sicherheitstechnik und Robotersteuerung in einem Schaltschrank. Wird der Roboter selten besucht, wird dieser Aufwand nicht notwendig sein, dann kann eine einfache Lichtschranke, die einfach nur stoppt, ausreichen.

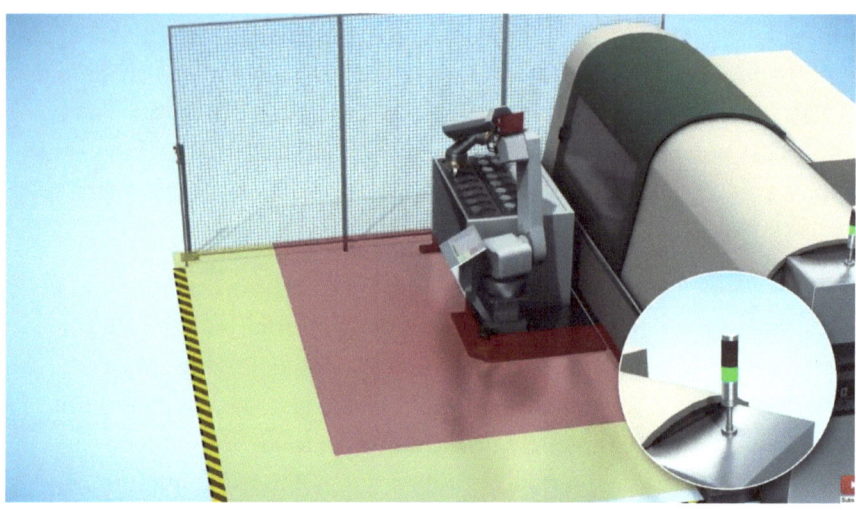

https://youtu.be/yLq9XRy_7ro

(Quelle: YouTube, Sick Sensor Intelligence)

Einen alternativen Ansatz verfolgt Pilz mit seiner Sicherheitsschaltmatte PSENmat an. Betritt ein Mitarbeiter die Matte, wird der Roboter informiert (Ortauflösung) und ggfs. gesteuert. Zudem verfügt die Matte über eine Bedienfunktion, so dass der Worker sein Bein nutzen kann.

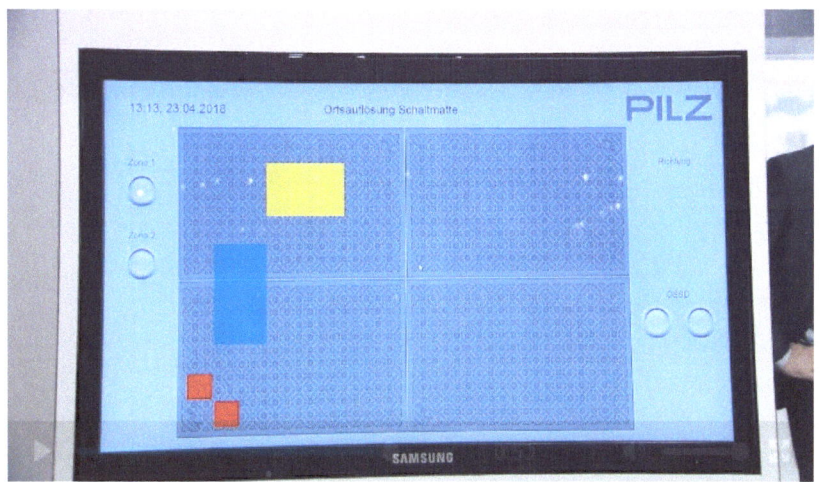

https://www.pilz.com/de-DE/eshop/00106002247124/PSENmat-Sicherheitsschaltmatte

(Quelle: Pilz)

Vielleicht werden Roboter künftig mit Lidar-Systemen ausgerüstet, so wie es bei autonom fahrenden Autos der Fall ist. Chinesische Lidar-Systeme gibt es offenbar bereits für einen kleineren vierstelligen Betrag. So sie gut funktionieren, könnte der Cobot frühzeitig sowohl Hindernisse wie auch Menschen erkennen.

Im Sinne der Arbeitssicherheit muß der Zustand des Roboters erkannt werden können. Dies geschieht mittels Lampen, wie zu sehen ist. Bei Robotern, die solch eine Lampe nicht eingebaut haben, muß diese nachgerüstet werden. Dies ist kein Problem, kostet aber Geld. Bei Universal Robots kann beispielsweise die Lampe zwischen Arm und Greifer montiert werden.

Bereits bei der Kooperation an gelegentlichen Kooperation / Übergabestelle sind die Rahmenbedingungen strenger. Hier stellt sich bereits die Frage, ob der Roboter, so langsam er sich auch bewegen mag, im laufenden Betrieb den Werker quetschen kann. Am kritischsten ist die Kollaboration. Beide arbeiten zusammen am gleichen Platz – hier gelten die strengsten Sicherheitsvorschriften da die Gefahr eines ungewollten Kontaktes ist am größten. Zusätzliche Sicherheit bietet beispielsweise der Greifer Schunk-JL 1, der eine Kollisionserkennung eingebaut hat und den Roboter anhalten kann.

Anläßlich der Hannover Messe 2019 wurden zwei Innovationen gezeigt, die die bisherigen durch die Arbeitssicherheit bestehenden Restriktionen „sprengen". Schunk zeigte einen Greifer mit einer Haltekraft, die über dem bislang erlaubten liegt. Durch eine neue Sensitivität bremst er beim Kontakt mit dem Menschen, so dass dieser nicht gequetscht werden kann. Der Sensorik-Hersteller Sick stellte wiederum einen auf 5G-basierenden Sensor dar. Durch diese neue, ultraschnelle Datenübertragung kann ein Roboter später als bisher gestoppt werden, da die bislang notwendige Pufferzeit nicht mehr benötigt wird.

Empfehlenswert für einen ersten Eindruck ist die kostenlose „KUKA HRC"-App. In diese können verschiedene Parameter wie gerichtete Geschwindigkeit, Kontaktfläche, zu bewegende Masse und gefährdetes Körperteil eingegeben werden. Der Kopf wird konsequenterweise stärker als beispielsweise der Oberschenkel geschützt. D.h. Robotertätigkeiten in Kopfhöhe haben bei der Kollaboration eine niedrigere Höchstgeschwindigkeit als solche in Bodennähe. Die App errechnet die akzeptable Geschwindigkeit für die jeweiligen Parameter. Die Schmerzwerttabelle der ISO TS 15066 nennt für das Gesicht eine Kraft von 65 N, für den Oberschenkel aber von 220 N.

Möglicherweise werden die bestehenden Vorschriften der Arbeitssicherheit 2020 für Cobots gelockert um deren Sensitivität und langsameren Prozesse Rechnung zu tragen.

Komplettlösungen

Immer häufiger wollen Unternehmen nicht nur einen Cobot, sondern eine komplette Lösung, so dass ein möglichst hoher Grad an Automatisierung erreicht wird. Und was für das eine Unternehmen von Nutzen ist, kann es auch für weitere Unternehmen rentabel sein. So werden Lösungen im Sinne der Skalierung mehr und mehr als universelle Komplettlösung angeboten. Als Anwendungsfälle mit besonders vielen Lösungen sind zu nennen das Schweißen oder das Bestücken von Maschinen.

Wie einfach beispielsweise das Schweißen mittels Cobot ist, zeigt dieses Video:

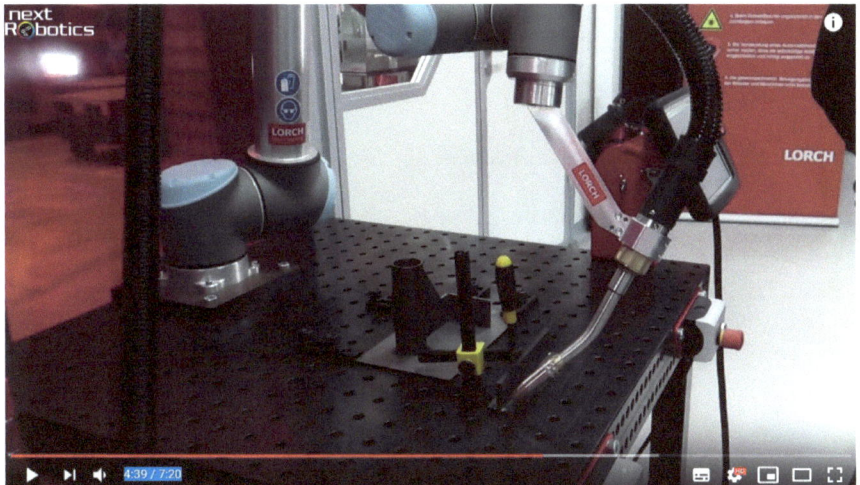

https://youtu.be/vXW3GoanqSw

(Quelle: YouTube, Next Robotics)

Neben der im Video dargestellten Lösung von Lorch gibt es noch weitere, z.B. von Heidenbluth oder Invetech. Bei der Maschinenbestückung wird hier die deutsch-deutsche Lösung von Panda und VisionLasertechnik vorgestellt:

https://youtu.be/f5Il5x3lY1c

(Quelle: YouTube, VisionLasertechnik)

Fast alle anderen gängigen Lösungen für Bearbeitungszentren basieren aber auf einen Universal Robots, dessen Tragkraft mit bis zu 10 kg deutlich über dem des Panda (3 kg) liegt.

Weitere Komplett-Lösungen gibt es u.a. für die Tätigkeiten Palettieren, Schleifen/ Polieren oder auch Pick-and-Place.

Lösung zur Behebung des Fachkräftemangels

Anfang Juli 2019 stellten drei Firmen eine Lösung vor, die für die einen revolutionär und für andere bizarr anmutet. Vorweg: Der Autor ist als Geschäftsführer der beteiligten Firma VisCheck intensiv am Projekt beteiligt und daher sicherlich nicht neutral.

Worum geht es? Das Münchner Startup VisCheck (Bildverarbeitung unter Nutzung von maschinellen Lernens – KI), das mittelständische Unternehmen Hufschmied Zerspanungssysteme (Technologieführer auf seinem Gebiet und als erstes KMU von BMW für sein Prozeßengineering ausgezeichnet) sowie der japanische Automatisierungs- und Robotik-Konzern Omron stellten „Opdra" vor. Konkret kann eine am Roboterarm befestigte Kamera erstmals Fertigungsbildschirme auslesen. Dies wirkt für Industrie 4.0-Anhänger bizarr, da es hierfür eigentlich Schnittstellen geben sollte. Bei älteren Maschinen gibt es diese Schnittstellen noch nicht und bei neueren sind diese häufig nur aufwändig zu erstellen. Selbst wenn dies einfach möglich ist, macht „Opdra" dennoch Sinn, da die Informationen – und dies ist revolutionär – derart verarbeitet werden, dass korrigierend in den Fertigungsprozess eingegriffen werden kann. Hierzu kann der Roboter die Maschine über die Tastatur programmieren. Dies erscheint wiederum bizarr als Folge der erwähnten Schnittstellen. Aber auch die Programmierung ist noch nicht alles. Denn wichtiger ist zu einem die Intelligenz, die hinter ihr steckt, und dann noch die weiteren Optionen wie Maschinenbestücken und gleichzeitiges Bedienen mehrerer Maschinen dank mobilen Roboter. Das Animationsvideo zeigt das finale Ziel des Projektes. Heute kann der Bildschirm bereits ausgelesen und leicht korrigierend eingegriffen werden. Der fahrbare Untersatz ist ab Herbst 2019 erhältlich, die künstliche Intelligenz, an der bereits gearbeitet wird, wird ebenso wie die Möglichkeit der laufenden Messung im Fertigungsprozess Mitte 2020 zur Verfügung stehen.

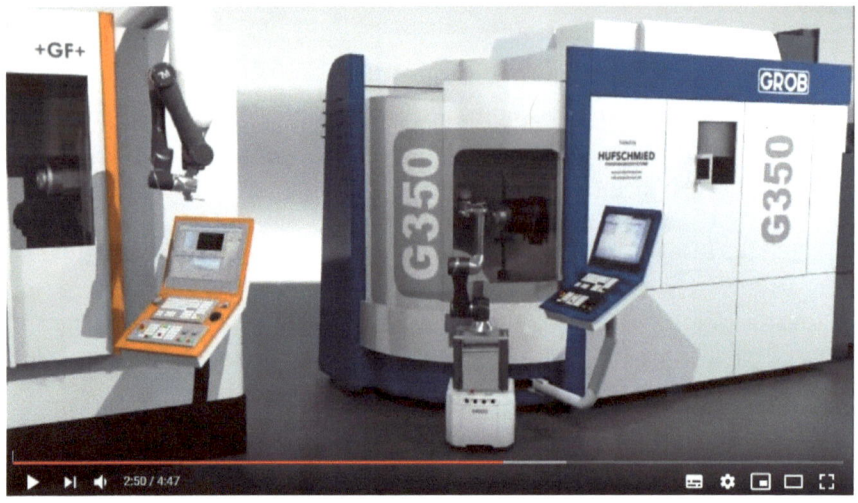

https://youtu.be/jVnIz_qbhDw

(Quelle: YouTube, VisCheck)

Der Nutzen des Projektes, in das bereits ein deutlich 7-stelliger an Entwicklungsgelder geflossen ist, läßt sich wie folgt beschreiben:

1. Mannlose Nachtschichten werden gefahrloser (Ausschußthematik).
2. Tagsüber wird die Fachkraft entlastet.
3. Höhere Produktivität durch Verzicht auf Fertigungsunterbrechungen (sporadische Entnahme des Teils zum Messen entfällt).
4. Weniger/ keine Fehlerteile, da Abweichungen eher erkannt und letztlich fast vermieden werden.
5. Höhere Kapazität.
6. Roboter kann Teile einlegen/ entnehmen
7. Datensicherheit – keine Cloud!

Für mögliche Interessenten: Das System ist bereits bei Pilotkunden im Einsatz und besteht ausschließlich aus zu einander kompatiblen Bausteinen, die problemlos nachgerüstet werden können. D.h. ein früher Kauf zu einem niedrigeren Preis hat keine Nachteile.

Nach der Zerspanungsindustrie werden weitere Anwendungen/ Branchen bearbeitet. Für Kooperationen sind die Beteiligten offen. Der Autor sieht z.B. auch Anwendungsmöglichkeiten in der Lebensmittelindustrie.

Der konkrete Einsatz schaut so aus, wobei das Video bei einer öffentlichen Vorführung aufgenommen wurde, weshalb die Geschwindigkeit des Cobots deutlich reduziert wurde:

https://youtu.be/P8qWoLSnvbE

(Quelle: YouTube, VisCheck)

Während mancher die Übertragung des menschlichen Wissens zu einem Cobot als nicht realisierbar betrachten, wird das System von anderen, z.B. vom Roboter-Papst Dieter Faude, als „Industrie 5.0" bezeichnet.

Fördermöglichkeiten

Bei den denkbaren Förderungen kann grundsätzlich zwischen zinsvergünstigen Darlehen und echten Zuschüssen unterschieden werden. Die hier angedachte Zielgruppe der mittelständischen Unternehmen dürfte im ersten Schritt eher einen überschaubaren Betrag von vielleicht maximal 50.000 € investieren wollen. Dennoch sollen hier auch Fördermöglichkeiten dargestellt werden, die ein größeres Investitionsvolumen voraussetzen.

Bei den zinsvergünstigen Darlehen ist traditionell in Deutschland an erster Stelle die KfW-Bank zu nennen, die Förderbank des Bundes. Sie verleiht Gelder immer nur indirekt, über die Hausbank. Das zinsvergünstige Darlehen aus dem ERP-Fonds (einem Überbleibsel des Marshall-Planes) trägt den Namen „ERP-Digitalisierung- und Innovationskredit". Die KfW will zwar auch Sicherheiten, doch gewährt sie der Hausbank eine 70%ige Haftungsfreistellung. Das Kreditvolumen liegt zwischen 25.000 € und 5 Mio€ bei einem Zinssatz ab 1% und einer Tilgung von 5-10 Jahren.

Bei geringem Eigenkapital kann die Eigenkapitalquote mit dem Programm „ERP-Mezzanine für Innovation" aufgebessert werden. Hier können bis zu 60% des Fremdkapitals mit Nachrang-Charakter versehen werden, d.h. die KfW würde erst nach allen anderen Gläubigern befriedigt, was deren Stellung, da neue Werte zufließen, bedeutend verbessert. Die Nachrangtranche hat eine Laufzeit von 10 Jahren mit Tilgungsbeginn nach 7 Jahren.

Neben der KfW gibt es zahlreiche regionale Förderbanken auf Landesebene mit vergleichbaren Programmen.

1. Verschiedene Bundesländer fördern die Digitalisierung mit unterschiedlich hohen Zuschüssen. Diese werden später nach Bundesland dargestellt.
2. Entwicklungsprojekte: Sowohl die EU wie auch diverse Bundesländer unterstützen neue Fertigungsverfahren oder auch die Entwicklung neuer Materialien und wünschen hierbei ein Zusammenspiel von Universitäten und (mehreren) Unternehmen. Das gesamte Vorhaben kann zu 50% gefördert werden, wobei die Uni-

versitäten 100% ihrer Kosten erhalten, d.h. die beteiligten Unternehmen erhalten dann 50% - x. Interessant ist das Ganze, da so auch Gehälter gefördert werden (1 Ingenieurmonat z.B. mit 9.000 €). Denkbar erscheint beispielsweise die Förderung von neuen Fertigungsverfahren mit dem Einsatz von Robotern etc. Die Mitwirkung der Universitäten macht übrigens auch deshalb Sinn, da diese die Projektskizze und mehr, also Unterlagen, die der Fördergeber verlangt, erstellen können. Beispielhafter Link zur EU: https://ec.europa.eu/info/funding-tenders/opportunities/portal/screen/programmes/h2020

Nicht wenige KMU nehmen für die Abwicklung der Programme die Dienste von Förderberatern in Anspruch, die i.d.R. 10 bis 15% der Fördersumme für sich berechnen. Selber Berater, ist der Verfasser der Ansicht, dass dieser „Luxus" am ehesten für Unternehmer, die lieber an der Werkbank als am Schreibtisch sind, sinnvoll ist. Übrigens hilft der Verfasser hier gerne weiter.

Nachfolgend werden wichtige Programme auf Ebene der einzelnen Bundesländer vorgestellt. Wichtig ist zu wissen, wie der Förderantrag bearbeitet wird. Für den Digitalbonus gibt es in Bayern beispielsweise monatlich ein festes Kontingent. Ist das Fördervolumen ausgeschöpft, werden die nicht bedienten Anträge gelöscht. Daher empfiehlt sich die Einreichung (das Upload) jeweils zu Monatsbeginn – notfalls mehrmals.

Aufgeführt wird auch die Beteiligungsgesellschaft des jeweiligen Bundeslandes. Die Arbeit der staatlichen Beteiligungsgesellschaften ist häufig wenig bekannt. Verkürzt ausgedrückt, geben sie endfällige Stille Beteiligungen für z.B. 7-10 Jahre. Da keine Sicherheit verlangt wird, ist der Zinssatz höher. Im Gegenzug verbessert sich das Rating, so dass ein Teil des Zinsaufwandes durch eine günstigere Finanzierung im Kontokorrentbereich bzw. bei neuen Darlehen refinanziert wird. Die Beteiligungsgesellschaften erwarten nur ein beschränktes Mitspracherecht, z.B. bei Großinvestitionen oder der Nachfolge und treten nach außen nicht in Erscheinung. Am Gewinn partizipieren sie nur marginal (z.B. 2% Bonus auf ihr Beteiligungskapital, d.h. bei 100.000 € Kapital 2.000 €).

Baden-Württemberg

Digitalisierungsprämie: Es werden zinsvergünstige Darlehen bis 100.000 € gewährt. Interessant: Es wird ein (bescheidener) Tilgungszuschuss von bis zu 10.000 € gewährt, so dass maximal nur 90% zurückgezahlt werden müssen. Link: https://www.wirtschaft-digital-bw.de/massnahmen/digitalisierungspraemie/

Anspruchsvolle FuE-Vorhaben: Es wird ein Zuschuss bis 20.000 € auf 50% der Ausgaben gewährt. Link: https://wm.baden-wuerttemberg.de/de/innovation/innovationsgutscheine/innovationsgutschein-hightech-digital/

Innovationsgutscheine: Förderung bis 5.000 €, Link: https://wm.baden-wuerttemberg.de/de/innovation/innovationsgutscheine/innovationsgutscheine-a-und-b/

Regionalförderung: Bis 20% bzw. bis 200.000 € echter Zuschuss. Link: http://www.foerderdatenbank.de/Foerder-DB/Navigation/Foerderrecherche/suche.html?get=views;document&doc=200

Baden-Württemberg verfügt mit der MBG über eine halbstaatliche Beteiligungsgesellschaft. Diese vergibt insbesondere wachstumsintensiven Unternehmen Kapital für Sprunginvestitionen/ Working Capital-Aufbau (= Saldo aus Vorräte/ Forderungen und Lieferantenverbindlichkeiten) Stille Beteiligungen. Dass auch Mezzanine genannte Kapital ab 100.000 € wird ohne Sicherheit gewährt und erweitert somit das Finanzierungspotential des Unternehmens. Das Kapital wird von Banken als eigenkapital-ergänzend angesehen und erhöht somit die Eigenkapitalquote, so dass dann auch leichter wieder Darlehen erhältlich sind. In Baden-Württemberg sind über 925 Unternehmen mit der MBG verbunden. Link: https://www.mbg.de

Bayern

Digitalbonus: Bayern gewährt einen Zuschuss von 50% bei Digitalinvestitionen bis 20.000 € bis im komplexeren Programm „Digitalbonus Plus" bis 100.000 €. Der kleinere Zuschuss trägt den Namen „Digitalbonus Standard" und wird quasi am Fließband gewährt. Der große Zuschuß „Digitalbonus Plus" hat strengere Voraussetzungen in Form der gewünschten Individualität, die bei der Robotik aber erreichbar sind. Link: https://www.digitalbonus.bayern/

Regionalförderung: Mit Ausnahme einzelner Gebiete (München) werden Investitionen ab 500.000 € mit bis zu 15% gefördert (alles bis auf Grund, also auch Gebäude), sofern mindestens 5 Arbeitsplätze geschaffen werden (auch in anderen Bereichen) und mindestens 50% des Umsatzes in Entfernung von mehr als 50 km generiert werden. Diese Förderung ist wenig bekannt, betrifft Roboter dann, wenn sie Bestandteil einer großen Investition sind, z.B. weitere Halle mit Automatisierung. Link: https://www.stmwi.bayern.de/service/foerderprogramme/regionalfoerderung/

Bayern verfügt mit der BayBG über eine halbstaatliche Beteiligungsgesellschaft. Diese vergibt insbesondere wachstumsintensiven Unternehmen Kapital für Sprunginvestitionen/ Working Capital-Aufbau (= Saldo aus Vorräte/ Forderungen und Lieferantenverbindlichkeiten) Stille Beteiligungen. Dass auch Mezzanine genannte Kapital ab ca. 200.000 € wird ohne Sicherheit gewährt und erweitert somit das Finanzierungspotential des Unternehmens. Das Kapital wird von Banken als eigenkapital-ergänzend angesehen und erhöht somit die Eigenkapitalquote, so dass dann auch leichter wieder Darlehen erhältlich sind. In Bayern sind über 500 Unternehmen mit der BayBG verbunden. Link: http://www.baybg.de/

Berlin

Berlin Mittelstand 4.0: Im Rahmen dieses Programms werden Darlehen über hohe 2 bis 6 Mio€ gewährt. Von Vorteil ist die teilweise Haftungsfreistellung der Hausbank. Ein echter Zuschuss wird jedoch nicht gewährt. Link: https://www.ibb.de/de/foerderprogramme/berlin-mittelstand-4.0.html

Berlin und Brandenburg verfügen mit der MBG Berlin-Brandenburg über eine halbstaatliche Beteiligungsgesellschaft. Diese vergibt insbesondere wachstumsintensiven Unternehmen Kapital für Sprunginvestitionen/ Working Capital-Aufbau (= Saldo aus Vorräte/ Forderungen und Lieferantenverbindlichkeiten) Stille Beteiligungen. Dass auch Mezzanine genannte Kapital ab 10.000 € wird ohne Sicherheit gewährt und erweitert somit das Finanzierungspotential des Unternehmens. Das Kapital wird von Banken als eigenkapital-ergänzend angesehen und erhöht somit die Eigenkapitalquote, so dass dann auch leichter wieder Darlehen erhältlich sind. Link: http://www.mbg-bb.de/

Brandenburg

Innovationsgutschein: Es werden 50% bis grob 15.000 € bezuschusst. Link: https://www.ilb.de/de/wirtschaft/zuschuesse/brandenburgischer-innovationsgutschein-big/

Berlin und Brandenburg verfügen mit der MBG Berlin-Brandenburg über eine halbstaatliche Beteiligungsgesellschaft. Diese vergibt insbesondere wachstumsintensiven Unternehmen Kapital für Sprunginvestitionen/ Working Capital-Aufbau (= Saldo aus Vorräte/ Forderungen und Lieferantenverbindlichkeiten) Stille Beteiligungen. Dass auch Mezzanine genannte Kapital ab 10.000 € wird ohne Sicherheit gewährt und erweitert somit das Finanzierungspotential des Unternehmens. Das Kapital wird von Banken als eigenkapital-ergänzend angesehen und erhöht somit die Eigenkapitalquote, so dass dann auch leichter wieder Darlehen erhältlich sind. Link: http://www.mbg-bb.de/

Hessen

Wegen der großen Nachfrage sind die Budgets zum Zeitpunkt des Redaktionsschlusses des Buches ausgeschöpft. „Der Digi-Zuschuss macht Pause", so die Website. Eine Neuauflage in 2019 ist beabsichtigt. Link: https://www.digitalstrategie-hessen.de/startseite

Hessen verfügt mit der MBG Hessen über eine halbstaatliche Beteiligungsgesellschaft. Diese vergibt insbesondere wachstumsintensiven Unternehmen Kapital für Sprunginvestitionen/ Working Capital-Aufbau (= Saldo aus

Vorräte/ Forderungen und Lieferantenverbindlichkeiten) Stille Beteiligungen. Dass auch Mezzanine genannte Darlehen wird bis 3 Mio€ wird ohne Sicherheit gewährt und erweitert somit das Finanzierungspotential des Unternehmens. Das Kapital wird von Banken als eigenkapital-ergänzend angesehen und erhöht somit die Eigenkapitalquote, so dass dann auch leichter wieder Darlehen erhältlich sind. Link: https://www.mbg-hessen.de/

Mecklenburg-Vorpommern

Kleinere Unternehmen erhalten Zuschüsse in Höhe von 50% zwischen 10.000 € und 50.000 €. Link: https://www.lfi-mv.de/index.html

Mecklenburg-Vorpommern verfügt mit der MBG Mecklenburg-Vorpommern über eine halbstaatliche Beteiligungsgesellschaft. Diese vergibt insbesondere wachstumsintensiven Unternehmen Kapital für Sprunginvestitionen/ Working Capital-Aufbau (= Saldo aus Vorräte/ Forderungen und Lieferantenverbindlichkeiten) Stille Beteiligungen. Dass auch Mezzanine genannte Darlehen wird ab 10.000 € ohne Sicherheit gewährt und erweitert somit das Finanzierungspotential des Unternehmens. Das Kapital wird von Banken als eigenkapital-ergänzend angesehen und erhöht somit die Eigenkapitalquote, so dass dann auch leichter wieder Darlehen erhältlich sind. Link: https://www.buergschaftsbank-mv.de/beteiligung/programme/

Niedersachsen

Die Zuschüsse in Niedersachsen werden tendenziell selektiver, dafür aber im höheren Volumen vergeben. KMU erhalten 45% Zuschuß für die relevanten FuE-Maßnahmen, dafür aber bis zu 1 Mio€. Ob Roboter zu den „vermarktbaren Fertigungsverfahren" gehören, darf gleichwohl bezweifelt werden. Link: https://www.nbank.de/Unternehmen/Innovation/Innovationsf%c3%b6rderprogramm-f%c3%bcr-Forschung-und-Entwicklung-in-Unternehmen-Zuschuss/index.jsp

Interessanter dürfte das „niederschwellige" Programm sein, das 45% bis 100.000 € bezuschusst und hier auch die Verbesserung von Produktionsverfahren (Roboter!) beinhaltet. Link: https://www.nbank.de/Unternehmen/Innovation/Niedrigschwellige-Innovationsf%C3%B6rderung-f%C3%BCr-KMU-und-Handwerk/index.jsp

Niedersachen verfügt mit der MBG Niedersachsen über eine halbstaatliche Beteiligungsgesellschaft. Diese vergibt insbesondere wachstumsintensiven Unternehmen Kapital für Sprunginvestitionen/ Working Capital-Aufbau (= Saldo aus Vorräte/ Forderungen und Lieferantenverbindlichkeiten) Stille Beteiligungen. Dass auch Mezzanine genannte Darlehen wird ab 10.000 € ohne Sicherheit gewährt und erweitert somit das Finanzierungspotential des Unternehmens. Das Kapital wird von Banken als eigenkapital-ergänzend angesehen und erhöht somit die Eigenkapitalquote, so dass dann auch leichter wieder Darlehen erhältlich sind. Link: https://www.mbg-hannover.de/

Nordrhein-Westfalen
In NRW erhalten KMU einen Zuschuß für die Einstellung von Innovationsassistenten. Binnen 24 Monaten beträgt der Zuschuß 22.500 €. Link: https://www.wirtschaft.nrw/pressemitteilung/nordrhein-westfalen-foerdert-innovation-und-digitalisierung-im-mittelstand

Direkt für Roboter verwandt werden können die Innovationsgutscheine. Der Gutschein entspricht einem Zuschuß von bis zu 15.000 € bzw. 80% der Investition. Bei Roboter-Kosten von 30.000 € werden so faktisch 50% bezuschußt. Link: https://www.ptj.de/innovationsgutscheine

Nordrhein-Westfalen verfügt mit der NRW Bank über eine staatliche Beteiligungsgesellschaft. Diese vergibt insbesondere wachstumsintensiven Unternehmen Kapital für Sprunginvestitionen/ Working Capital-Aufbau (= Saldo aus Vorräte/ Forderungen und Lieferantenverbindlichkeiten) Stille Beteiligungen. Dass auch Mezzanine genannte Darlehen wird ab 50.000 € ohne Sicherheit gewährt und erweitert somit das Finanzierungspotential des Unternehmens. Das Kapital wird von Banken als eigenkapital-ergänzend angesehen und erhöht somit die Eigenkapitalquote, so dass dann

auch leichter wieder Darlehen erhältlich sind. Link:
https://www.nrwbank.de/de/foerderlotse-produkte/Beteiligungskapital-fuer-kleine-und-mittlere-Unternehmen/15214/produktdetail.html

Rheinland-Pfalz

Offenbar werden keine direkten Investitionszuschüsse gewährt, wohl aber solche für FuE-Projekte. Ein Blick auf die Ministeriumsseite lohnt sich dennoch. Link: https://www.ihk-rlp.de/servicemarken/IHK-Innovationsnetz-Rheinland-Pfalz/Innovationsfoerderung/sammlungen-foerderung-digitalisierung/foerderung-digitalisierung---leitartikel/3824728

Rheinland-Pfalz verfügt mit der Investitions- und Strukturbank Rheinland-Pfalz über eine staatliche Beteiligungsgesellschaft. Diese vergibt insbesondere wachstumsintensiven Unternehmen Kapital für Sprunginvestitionen/ Working Capital-Aufbau (= Saldo aus Vorräte/ Forderungen und Lieferantenverbindlichkeiten) Stille Beteiligungen. Dass auch Mezzanine genannte Darlehen wird ohne Sicherheit gewährt und erweitert somit das Finanzierungspotential des Unternehmens. Das Kapital wird von Banken als eigenkapital-ergänzend angesehen und erhöht somit die Eigenkapitalquote, so dass dann auch leichter wieder Darlehen erhältlich sind. Link: https://isb.rlp.de/foerderung/300.html#tab735-1

Saarland

Das Saarland fördert relativ neu KMU Investitionen mit 35% bzw. einem Zuschuss bis zu 10.000 €. Ein Roboter amortisiert sich daher noch schneller als ohne Förderung. Das jährliche Förderungsvolumen von 500.000 € dürfte allerdings auch für ein kleines Bundesland wie das Saarland zu niedrig sein um alle Anträge bedienen zu können. Link: https://www.saarland.de/240062.htm

Das Saarland verfügt mit der Saarländischen Kapitalbeteiligungsgesellschaft über eine staatliche Beteiligungsgesellschaft. Diese vergibt insbesondere wachstumsintensiven Unternehmen Kapital für Sprunginvestitio-

nen/ Working Capital-Aufbau (= Saldo aus Vorräte/ Forderungen und Lieferantenverbindlichkeiten) Stille Beteiligungen. Dass auch Mezzanine genannte Darlehen wird ab 30.000 € ohne Sicherheit gewährt und erweitert somit das Finanzierungspotential des Unternehmens. Das Kapital wird von Banken als eigenkapital-ergänzend angesehen und erhöht somit die Eigenkapitalquote, so dass dann auch leichter wieder Darlehen erhältlich sind.
Link: https://www.saarland.de/218147.htm

Sachsen

Sachsen bietet zwar diverse Zuschüsse im Rahmen von Digitalisierung, E-Business und Technologietransfer an, diese scheinen aber nicht für Investitionen in Maschinen und Anlagen abrufbar zu sein. Link: https://www.sab.sachsen.de/service-kontakt/f%C3%B6rderung-von-digitalisierungsprojekten/index.jsp

Interessanter scheint daher die klassische Regionalförderung zu sein, die allerdings die Schaffung zusätzlicher Arbeitsplätze bedingt und ein größeres Investitionsvolumen voraussetzt. Für ein Unternehmen, das MRK zur Erhöhung der Kapazität erwirbt und wachsen will, wohl kein Problem.
Link: https://www.sab.sachsen.de/f%C3%B6rderprogramme/siem%C3%B6chten-ein-unternehmen-gr%C3%BCnden-oder-in-ihr-unternehmen-investieren/investitionszuschuss-gemeinschaftsaufgabe-(grw).jsp

Sachsen verfügt mit der Sächsische Beteiligungsgesellschaft über eine staatliche Beteiligungsgesellschaft. Diese vergibt insbesondere wachstumsintensiven Unternehmen Kapital für Sprunginvestitionen/ Working Capital-Aufbau (= Saldo aus Vorräte/ Forderungen und Lieferantenverbindlichkeiten) Stille Beteiligungen. Dass auch Mezzanine genannte Darlehen wird ab 100.000 € ohne Sicherheit gewährt und erweitert somit das Finanzierungspotential des Unternehmens. Das Kapital wird von Banken als eigenkapital-ergänzend angesehen und erhöht somit die Eigenkapitalquote, so dass dann auch leichter wieder Darlehen erhältlich sind. Link: http://www.sbg.sachsen.de/index.html

Sachsen-Anhalt

Im Rahmen von „Sachsen-Anhalt Digital Innovation" werden u.a. neue digitale Produktionsprozesse gefördert – hierunter dürfte auch der Einsatz von Cobots fallen, sofern sie zuvor nicht im Unternehmen genutzt wurden. Der Zuschuss ist mit 70% bzw. bis 70.000 € deutschlandweit wohl einmalig hoch. Der Mehrwert muß nachgewiesen werden. Link: https://www.ib-sachsen-anhalt.de/firmenkunden/investieren/sachsen-anhalt-digital-innovation.html

Sachsen-Anhalt verfügt mit der Investitionsbank Sachsen-Anhalt über eine staatliche Beteiligungsgesellschaft. Diese vergibt insbesondere wachstumsintensiven Unternehmen Kapital für Sprunginvestitionen/ Working Capital-Aufbau (= Saldo aus Vorräte/ Forderungen und Lieferantenverbindlichkeiten) Stille Beteiligungen. Dass auch Mezzanine genannte Darlehen wird ab 20.000 € ohne Sicherheit gewährt und erweitert somit das Finanzierungspotential des Unternehmens. Das Kapital wird von Banken als eigenkapital-ergänzend angesehen und erhöht somit die Eigenkapitalquote, so dass dann auch leichter wieder Darlehen erhältlich sind. Link: https://www.ib-sachsen-anhalt.de/firmenkunden/investieren/ib-mezzaninedarlehen-fuer-kmu.html

Schleswig-Holstein

Offenbar gibt es keinerlei Förderung von digitalen Investitionen auf Landesebene. Für wachstums-orientierte Firmen, die Personal aufbauen wollen, bietet sich daher am ehesten die klassische Regionalförderung an. Link: https://www.schleswig-holstein.de/DE/Fachinhalte/F/foerderprogramme/MWAVT/grw_2014_2020.html

Schleswig-Holstein verfügt mit der MBG Schleswig-Holstein über eine staatliche Beteiligungsgesellschaft. Diese vergibt insbesondere wachstumsintensiven Unternehmen Kapital für Sprunginvestitionen/ Working Capital-Aufbau (= Saldo aus Vorräte/ Forderungen und Lieferantenverbindlichkeiten) Stille Beteiligungen. Dass auch Mezzanine genannte Darlehen wird ab 25.000 € ohne Sicherheit gewährt und erweitert somit das Finanzierungspotential des Unternehmens. Das Kapital wird von Banken als eigenkapital-ergänzend angesehen und erhöht somit die Eigenkapitalquote, so dass dann auch leichter wieder Darlehen erhältlich sind. Link: https://www.mbg-sh.de/beteiligungskapital-fuer/wachstum/

Thüringen

In Thüringen gibt es diverse Zuschüsse, u.a. für FuE-Maßnahmen. Für Roboter dürfte am ehesten der Digitalbonus zu treffen, da mit ihm auch die „Integration mobiler Betriebsgeräte in die Produktionssteuerung" sowie beispielsweise auch der ähnlich innovative 3D-Druck gefördert wird. Es werden 50%, höchstens aber 15.000 € gefördert. Bei einer typischen MRK-Investition von 30.000 € +x erhielte das Unternehmen somit einen Großteil bezuschußt. Link: https://www.aufbaubank.de/Foerderprogramme/Digitalbonus-Thueringen

Thüringen verfügt mit der MBG Thürigen über eine staatliche Beteiligungsgesellschaft. Diese vergibt insbesondere wachstumsintensiven Unternehmen Kapital für Sprunginvestitionen/ Working Capital-Aufbau (= Saldo aus Vorräte/ Forderungen und Lieferantenverbindlichkeiten) Stille Beteiligungen. Dass auch Mezzanine genannte Darlehen wird ab 10.000 € ohne Sicherheit gewährt und erweitert somit das Finanzierungspotential des Unternehmens. Das Kapital wird von Banken als eigenkapital-ergänzend angesehen und erhöht somit die Eigenkapitalquote, so dass dann auch leichter wieder Darlehen erhältlich sind. Link: https://www.mbg-thueringen.de/die-mbg

Österreich

Ähnlich wie in Deutschland gibt es Förderungen auf Bundes- wie auf Landesebene. Die Website des austria wirtschaftsservice informiert über die umfangreichen Möglichkeiten, explizit für auch Robotik, aber begrenzt auf die Regionalfördergebiete. Link: https://www.aws.at/foerderungen/aws-industrie-40/

Von den Fördermöglichkeiten auf Landesebene wird die in Tirol hervorgehoben: Neben der Konzeptionierung wird auch die Umsetzung (Investition) mit 10% bis 20% der Investitionssumme bis 300.000 € bezuschußt. Robotersysteme werden dabei explizit erwähnt. Zu beachten ist: Mindestalter des Unternehmens von 5 Jahren und es darf sich nicht um eine reine Rationalisierungsinvestition handeln. Mindest-Investition Maschinen: 50.000 €, Link: https://www.aws.at/foerderungen/tiroler-digitalisierungs-foerderung/

Amortisationsrechnung

Anstelle einer klassischen Amortisationsrechnung, die ohnehin zum Handwerk von Unternehmern gehört, einige Überlegungen:

1. Für eine grobe anfängliche Kostenabschätzung wird am besten der Preis des gewünschten Roboters um den Faktor 1,5 erhöht. Hiermit sollten Greifer, Arbeitssicherzeit und evtl. Programmierkosten abgegolten sein.
2. Die typische Lebensdauer beträgt bei den Premium-Anbietern wie Universal Robots 30.000 Stunden, Franka geht für seinen Panda von 20.000 Stunden aus. Ein Jahr enthält bei Vollbetrieb zwar 8.760 Stunden, doch kommt ein Vollbetrieb bei der Zielgruppe des Buches eher selten vor. Rechnen Sie daher mit weniger Stunden. Dies gilt aber nur, wenn der Roboter beispielsweise von Montag bis Freitag nur in der Nacht eingesetzt werden soll und dann auf knapp 2.100 h p.a. kommt. Denn 15 Jahre dürfte er kaum eingesetzt werden. Ein anderer Aspekt wäre allerdings eine permanente extreme Belastung (z.B. Ausnutzung maximaler Traglast bei ausgestrecktem Arm).
Wird der Roboter nur sehr sporadisch eingesetzt, dürfte er dennoch irgendwann (nach 10 Jahren?) ausgemustert werden. Je nach Anforderung kann es daher der Realität entsprechen mit nur 5.000 Stunden Nutzungsdauer zu rechnen bzw. nur 500 h p.a. Aber selbst bei einem solch extrem konservativen Ansatz wird der Stundensatz noch immer deutlich unter 15 Euro, eher bei 10 Euro, liegen.
3. Die Instandhaltungskosten sind bei Cobots sehr niedrig und können mit 5% der AHK angesetzt werden.
4. Wird die Kapazität erhöht (mannlose Nachtschicht) stellt sich die Frage, ob mit den bisherigen Verkaufspreisen gerechnet wird oder mit niedrigeren. Sollte mit den jetzigen Verkaufspreisen gerechnet werden, stellt sich unter Pricing-Gesichtspunkten die Frage, warum diese trotz Kapazitätsengpass nicht angehoben worden sind. Vielleicht können Sie ja noch die Preise erhöhen.

5. Fällt die Amortisationsrechnung sehr gut aus, stellt sich die Frage, ob nicht ein Teil des Zusatzertrages zu Gunsten eines Roboters bzw. seines Zubehörs verwandt wird, der/ das man so eigentlich nicht bräuchte. In einer ruhigen Minute könnte dann – nach einigen Wochen/ Monaten, wenn der Umgang mit dem MRK vertraut ist - mit dieser Ausrüstung einmal der nächste, komplexere Automatisierungsschritt probiert werden. Denn angefangen sollte bei der Robotik mit etwas Einfacherem. Klappt der nächste Schritt, kann der Roboter dort eingesetzt werden. Für die erste, ursprünglich angedachte Lösung kann immer noch die günstige Variante nachgekauft werden. Für diese Überlegung kann die Anschaffung einer fahrbaren Roboterhalterung ebenso wie die Auswahl des für beide Anwendungsfälle passenden Roboters sinnvoll sein. Je flexibler ein Cobot eingesetzt werden soll, desto wichtiger ist seine einfache und flexible Programmierung.
6. Wenn es eine Förderung gibt, ist dies schön, aber einen Roboter nur wegen der Förderung anzuschaffen wäre falsch. D.h. die Amortisationszeit sollte auch ohne Förderung gut sein.

Epilog – Thesen zur weiteren Entwicklung

Im Bereich der Robotik scheinen die Greifer-Hersteller an Dominanz zu gewinnen. Das Zubehör wird vermutlich wichtiger als der Roboter. Dies gilt aber nur, wenn das Zubehör für möglichst viele verschiedene Roboter-Modelle angeboten wird. Durch den dänischen Cluster Odense (Sitz von 120 Robotik-Firmen incl. Universal Robots und OnRobot) mit heute bereits über 3.200 Beschäftigten besteht durchaus die Gefahr einer Konzentration zu Lasten der deutschen Robotik-Industrie. Hier sollten Bayern und Baden-Württemberg nach Ansicht des Verfassers gegensteuern.

Global gesehen ist die Robotik nur Teil mehrerer, auf Technologiesprüngen beruhender Veränderungen. Die TU München hat mit Unterstützung der Bayerischen Staatsregierung entsprechend im Sommer 2018 rund 30 bestehende und neue Lehrstühle für Robotik, Künstliche Intelligenz und autonomes Fahren in einem neuen Institut konzentriert. Diese drei Technologien werden zusammen mit dem 3D-Druck das heutige Wirtschaftsleben massiv verändern. Einige Thesen hierzu:

1. Durch die neuen Technologien werden binnen relativer kurzer Zeit zahlreiche Arbeitsplätze automatisierbar sein. Ob in Deutschland tatsächlich ¼ aller Arbeitsplätze ersetzt werden kann, wird hier nicht bewertet.
2. Gesellschaftspolitisch dürfte dies, so der Philosoph David Precht, zu neuen Migrationsströmen führen. Denn der Melange aus 3D-Druck, autonom fahrenden LKW und Robotik werden gerade in Osteuropa sehr, sehr viele Arbeitsplätze zum Opfer fallen.
3. In Deutschland ist der Netto-Verlust an Arbeitsplätzen weitaus geringer als im Ausland, da Fertigungen heim nach Deutschland geholt werden können. Adiddas macht es mit dem 3D-Druck der Laufschuhe vor. Zudem entsteht in Deutschland eine Industrie an Herstellern der benötigten Geräte/ Maschinen.
4. Unterstützt von der negativen demographischen Entwicklung kann die Arbeitsmarktlage in Deutschland günstig blieben.
5. Weltweit dürften ebenfalls neue Arbeitsplätze entstehen wie der Umbruch von der Landwirtschaft zur Industrialisierung gezeigt

hat. Aber: Dies galt erst nach einigen Jahren. In einer Übergangsphase droht durchaus Massenarbeitslosigkeit. In dieser Zeit kann es zu Revolten kommen, wenn sich die ohnehin Abgehängten mit den freigesetzten Qualifizierten verbünden, so der amerikanische Professor Richard Baldwin in einem Interview mit der Neuen Zürcher Zeitung Ende 2018.
6. Wenn aber Fertigungen zurück nach Deutschland wandern und dank Automatisierung mit weniger Personal mehr produziert wird, nimmt der Flächenfraß weiter zu. D.h. es werden immer weniger Menschen auf z.B. 100 qm arbeiten.
7. Da – Beispiel Bayern – der Widerstand hier wächst, wird künftig auch in der Industrie eher mehrgeschossig gebaut werden müssen bzw. der Zwang zu Tiefgaragen statt offenen Parkplätzen, wie er in Bayern zunehmend diskutiert wird. Denkbar erscheinen auch „Keller-Lösungen". In der Schweiz wird beispielsweise diskutiert alle Logistikzentren unterirdisch zu vernetzen. Für die Projektierung des 30 Mrd. Franken-Projektes sind bereits 100 Mio. Franken bereitgestellt worden. Die Änderung der Rahmenbedingungen wird einen Teil der Rationalisierungsgewinne aufbrauchen.
8. KMU müssen aufpassen, da sie ansonsten zu den Verlierern der erhöhten Flexibilisierung gehören werden. Denn mittels Industrie 4.0 und Cobots werden größere Unternehmen immer näher Richtung Losgröße 1 wettbewerbsfähig anbieten können. Der bisherige Vorteil der Flexibilität werden KMU einbüßen. Diese könnten mit einem starken Fokus auf günstige Teil-Automatisierung punkten. Großunternehmen werden die teurere Voll-Automatisierung wählen müssen.

Kontakt

Guido Bruch

Guido.Bruch@mrk-blog.de

https://www.Mrk-blog.de

EA Unternehmensentwicklungs GmbH
Merzstr. 16

https://www.equity-advice.de
D-81679 München

Tel.: ++49/ 89 189 378 77-0

Link mit Infos zur 50%igen Beratungsförderung in Deutschland, d.h. Pauschalpreis von netto 1.000 €: https://mrk-blog.de/angebot/

www.ingramcontent.com/pod-product-compliance
Lightning Source LLC
Chambersburg PA
CBHW040314220526
45473CB00009B/2426